★ 探索未知丛书　　新闻出版总署向全国少年儿童推荐的百种优秀图书

上海科普图书创作出版专项资助
上海市优秀科普作品

昆虫与仿生

陈小钰 编写

少年儿童出版社

序

　　"探索未知"丛书是一套可供广大青少年增长科技知识的课外读物，也可作为中、小学教师进行科技教育的参考书。它包括《星际探秘》《海洋开发》《纳米世界》《通信奇迹》《塑造生命》《奇幻环保》《绿色能源》《地球的震颤》《昆虫与仿生》和《中国的飞天》共10本。

　　本丛书的出版是为了配合学校素质教育，提高青少年的科学素质与思想素质，培养创新人才。全书内容新颖，通俗易懂，图文并茂；反映了中国和世界有关科技的发展现状、对社会的影响以及未来发展趋势；在传播科学知识中，贯穿着爱国主义和科学精神、科学思想、科学方法的教育。每册书的"知识链接"中，有名词解释、发明者的故事、重要科技成果创新过程、有关资料或数据等。每册书后还附有测试题，供学生思考和练习所用。

　　本丛书由上海市老科学技术工作者协会编写。作者均是学有专长、资深的老专家，又是上海市老科协科普讲师团的优秀讲师。据2011年底统计，该讲师团成立15年来已深入学校等基层宣讲一万多次，听众达几百万人次，受到社会认可。本丛书汇集了宣讲内容中的精华，作者针对青少年的特点和要求，把各自的讲稿再行整理，反复修改补充，内容力求新颖、通俗、生动，表达了老科技工作者对青少年的殷切期望。本丛书还得到了上海科普图书创作出版专项资金的资助。

上海市老科学技术工作者协会

编委会

主 编：

贾文焕

副主编：

戴元超　刘海涛

执行主编：

吴玖仪

编委会成员：（以姓氏笔画为序）

王明忠　马国荣　刘少华　刘允良　许祖馨

李必光　陈小钰　周坚白　周名亮　陈国虞

林俊炯　张祥根　张　辉　顾震年

目　录

引 言

　　昆虫是自然界中微小的、不起眼的动物。我们可别小看这些小不点，它们对人类科技发展的功劳却大着呢！因为昆虫具备许多连人类也自叹不如的生存绝技，人类模仿昆虫身上器官的某些特殊功能，已在工程技术方面取得了显著成就。可以说，昆虫是人类学习的不竭源泉。

　　现在，就让我们走近昆虫，欣赏一下这些小生命所施展的绝技，进而了解科学家是怎样向昆虫"取经"而获得种种新科技成果的。

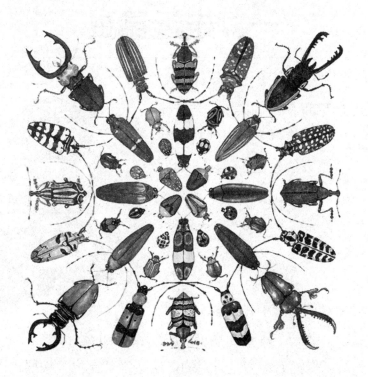

一、走近昆虫

在 1758 年，瑞典博物学家林奈以自然发展史的科学分类方法建立了"昆虫纲"。以后，昆虫分类学家又将昆虫的基本定义规范为：成虫分头、胸、腹三段，并有 6 条腿，一对触角，两对翅膀。

有人可能要问了，有的昆虫过的是寄生性生活，如虱子、跳蚤和臭虫，它们没有翅膀，但它们的成虫是 6 条腿，是不是昆虫呢？答案是肯定的，这些都是昆虫。按照这个标准来衡量的话，蜘蛛和螨虫有 8 条腿，那就不是昆虫。蜈蚣、马陆有很多只脚，也不是昆虫。鼠妇，就是我们常称之为"西瓜虫"的虫子，它不止有6条腿，所以也不是昆虫。至于蟹、虾、蝎子等也不是昆虫。蛞蝓，俗称"鼻涕虫"，它的身体不分段，又无6条腿，更不是昆虫。

亲爱的读者，现在你一定不会感到认识昆虫是一件难事了吧。这里需要提醒的是，千万不要拿幼虫来比，要以成虫来比较和识别，因为幼虫在成长过程中要经过一系列变态，形态样子可不一样哦！

昆虫的家族

地球上任何角落都有昆虫的身影，无论在城市、乡村、山野，无论在空中、陆地、水里，你都能见到它们。全世界有名有姓的昆虫有100多万种，约占动物种类的80%以上。从这个数字中可以看出，昆虫世界是多么的庞大与复杂呀！

昆虫分类学家根据昆虫的身体结构、生活方式、亲缘关系以及进化过程等因素，科学地、有步骤地把昆虫分成大约30个目。然后，就像下楼梯一样，按：目 → 总科 → 科 → 属 → 种，来给每种昆虫起名字。

按国际标准，昆虫种类的名字用拉丁文来表达，就像我们的名字在国际上用汉语拼音表达一样。例如：你的名字叫李小华，从家谱中查出你是李家的第十二代孙子 → 你是汉族人 → 你是中国人 → 你是黄皮肤人种。同样，昆虫也是如此。例如：中华蜜蜂 → 蜜蜂属 → 蜜蜂科 → 蜜蜂总科 → 膜翅目。当然这中间还要经过许多复杂的步骤，这里不多赘述。

这样，每一种昆虫不单有自己的学名，而且还有了自己的家族谱系。于是，各种昆虫之间的相互亲戚关系和地位，便可以通过分类排列得一清二楚了。

昆虫的分类

　　昆虫约有 30 多个目。其中以种类、数量来说，俗称甲虫的鞘翅目就有 30 万种以上，在昆虫家族中数量占第一位；以蝴蝶与蛾子为代表的鳞翅目，种类有 14 万种以上，占第二位；苍蝇、蚊子、虻类等属于双翅目，种类也很多，占第三位；其他还有同翅目的蝉、蚜虫，半翅目的椿象，直翅目的蝗虫、蝈蝈等，都是比较常见的昆虫。

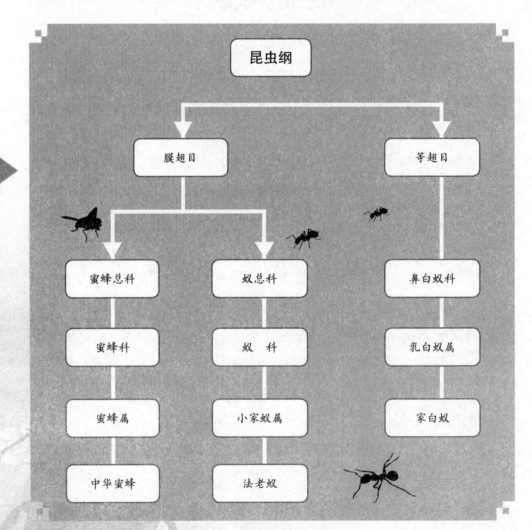

有益的昆虫

从表中可看出，蚂蚁和白蚁虽是一字之差，生活方式也有许多相同的地方，但从分类系统上，蚂蚁却和蜜蜂有"亲戚"的关系，它们都属膜翅目，而白蚁则是等翅目的昆虫。

为什么昆虫家族在地球上会这样兴旺发达？它们有哪些生存的秘诀呢？

首先，是因为昆虫拥有翅膀，能飞翔，所以，昆虫在觅食、避敌和分布范围等方面都比不会飞行的动物有利。

其次，昆虫有惊人的繁殖力，其繁殖速度及数量都优于其他动物。有些昆虫种类10天左右即可繁殖一代，一代数量往往有成百上千个个体。如危害庄稼的地老虎，每只雌虫平均可产卵800多粒；蜜蜂的蜂后每天能产卵2000~3000粒。

昆虫具有多变的口器类型，有助于它们扩大取食范围，利于生存。

土壤中的昆虫

这是昆虫在长期进化过程中所适应环境特化而形成的。

昆虫有很强的适应能力。不管是高温酷热的赤道，还是终年冰雪的南北极；无论是海拔 6000 米的高寒山区，还是地下极深的洞穴，都有昆虫的踪影。现在，已发现在水温高达 49℃ 的温泉中竟然有昆虫；寒冷的南极地区生活着 40 多种昆虫；某些绢蝶生活在高海拔山区；甚至在地下喷出的原油中也发现石油蝇幼虫。

最后，昆虫还具有多样求生本领。许多昆虫能生存至今，与它们掌握了一套"特技"本领有关。如磕头虫的轻功、翻身技巧，气步甲散放烟雾弹，竹节虫的拟态隐身法术，蝴蝶的保温、散热本领，蚜虫的孤雌生殖、繁衍子孙的功能等，都是昆虫防身自卫、适应环境的特殊求生能力。

这些特殊的生存能力，使昆虫在地球的各个角落都能生存，种类和数量列居动物界榜首。

　　昆虫的祖先（如已灭绝的三叶虫）生活在水中，后经地球的各个地质时期、亿万年漫长的环境影响，由水生生活进化到陆生生活。同时，昆虫的身体构造、功能都发生了巨大的变化，形成了各种变态类型，由低级演变、进化至高级阶段，才逐渐分化成为现在我们所看到的各种各样的昆虫类群。

　　通过以上介绍，我们已经对昆虫所具备的高强本领，略知一二了。现在，就让我们从认识昆虫的眼、耳、鼻、舌、嘴的结构和性能，以及昆虫的翅膀、足、腹部等开始，走近昆虫，了解昆虫。随着对这种小生物认识的增加，相信你对它们的兴趣也会越来越浓，因为有关昆虫的奥秘实在是太多了。

昆虫的眼睛

　　人类只有一双眼睛，我们周围熟悉的大多数动物，如鸡、鸭、牛、羊、狗、猫和鸟等也都只有两只眼睛。而昆虫虽然个子特别小，却有5只眼睛。

　　5只眼睛？不会搞错吧！为什么我们通常能看到的仅仅只有两只呢？是的！除了两只我们能见到的大复眼之外，昆虫还有3只小小的单眼，这恐怕要用放大镜来看了。单眼的位置在两个复眼之间、昆虫的"额"上。它的结构

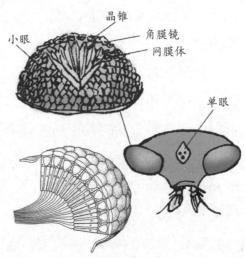

比较简单，是一个四周没有受到任何压力、圆形的凸透镜，由角膜体、视觉细胞和视神经组成，只能感觉光的强弱、方向及物体的大致形象。而担当主要视觉功能的、能看清楚物体的图像及颜色的则是它的复眼。昆虫的复眼是由成千上万只六角形柱体状小眼组成蜂窝状的眼睛，如苍蝇的一只复眼由 3000～6000 个小眼组成，蜜蜂的复眼由 6300 个小眼组成。一般来说，复眼越大小眼也越多，复眼造像越清晰，视力就越强。

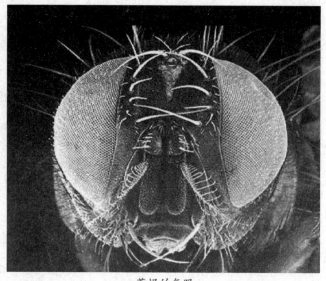

苍蝇的复眼

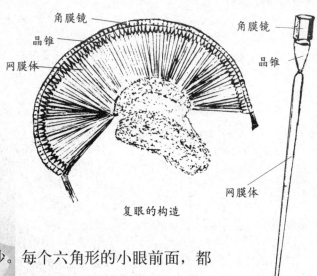

复眼的构造

角膜镜
晶锥
网膜体

角膜镜
晶锥
网膜体

　　复眼的构造非常巧妙。每个六角形的小眼前面，都有一层像照相机镜头一样的聚光装置，叫做角膜镜，它可以调节焦距。角膜的下面连接着锥晶体，视杆囊体和网膜体，可以调整清晰度。周围有色素细胞，可以辨别不同的颜色，再下面是视觉细胞和与大脑联系的视神经和传感神经。当脑神经接收到角膜传来的光时，通过各个视觉系统互相作用，便形成了点的图像。各个小眼形成的点像互相连接起来，这样复眼就可以形成一个完整的、视野宽阔的图像。

昆虫的种类不同，复眼的形状也不一样，对颜色的分辨能力和敏感程度也不一样。奇特的是，蜜蜂、飞蛾以及果蝇的眼睛能看见人类眼睛看不到的紫外线，因而它们对紫外

节肢动物——蜘蛛的眼睛

光特别敏感。但有些昆虫是色盲，如蜜蜂不能分辨橙红色和绿色，荨麻蛱蝶看不见绿色和黄绿色，夜蛾则对绿色是色盲，金龟子不能识别绿色的深浅。

此外，昆虫的视觉一般只限于较短的距离内，苍蝇只能看到 0.4～0.7 米远的距离，蜜蜂则只能看 0.5～0.6 米远的地方。在这方面，它们远远不及人类的眼睛，这是因为昆虫每个小眼所看到的图像，只是整体图像的局部。

昆虫的鼻子

"唷，真香呀！"人类靠灵敏的嗅觉器官鼻子，可以闻到花香等气味。可是，昆虫的"鼻子"长在哪里呢？噢，它就长在我们常常可以见到的两根长长的触角上。

昆虫的嗅觉器官是排列在触角和触须各个节片上的盾状或锥状感觉器，因此昆虫的嗅觉与触角的完整性有着密切的关系。

蜜蜂的嗅觉器官长在触角的后 8 节上，前 4 节没有。苍蝇触角由许多灵敏的嗅觉感觉器组成。每个感觉器是一个小腔，里面有成百个神经细胞，能对空气中飞散的化学物质灵敏地做出反应。即使食物离得很远，它也能顺着微

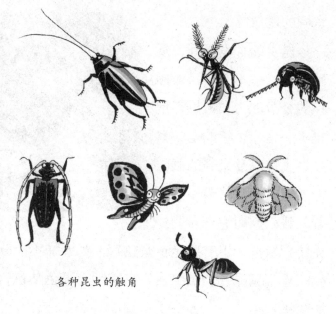

各种昆虫的触角

乎其微的气味很快地感觉到，因而苍蝇的嗅觉要比我们人类的嗅觉灵敏得多。

深夜，不管你把食品掩盖得多么好。晃动着两根细长触角的蟑螂便会设法爬到食物处。大自然盛开的花朵，会远远地招致美丽的蝴蝶和胖胖的蜜蜂光顾，形成一道"蝶恋花、蜂采蜜"的靓丽风景。这一切都靠着昆虫灵敏的触角，它那特殊的鼻子辨别气味的嗅觉能力实在很强！

近年来，随着对昆虫信息激素研究的不断深入，科学家已利用昆虫灵敏的"鼻

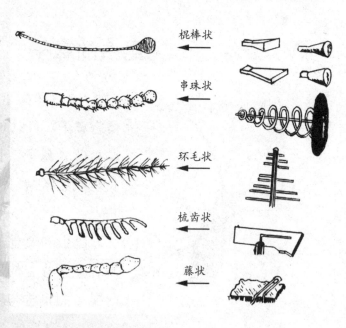

棍棒状

串珠状

环毛状

梳齿状

藤状

子"——触角来破译昆虫之间的"对话"交流、相互间的通信联系，从而对害虫进行治理，取得了很好的效果。

譬如，昆虫会分泌外激素，已发现的外激素有性外激素、聚集外激素、追踪外激素等。外激素能协调种群个体之间的生理和行为活动，在刺激生殖、觅食、防御、飞行等行为中起着重要的作用。特别是由雌虫产生的性外激素，可以引诱远方的雄虫来交配。利用昆虫信息素可干扰雌雄虫体交配的行为，

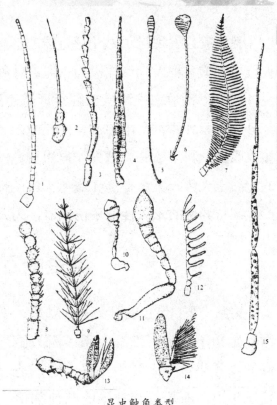

昆虫触角类型

使雄虫丧失寻找雌虫的定向能力，导致其交配概率大为减少，使下一代虫口密度骤减。该技术已对鳞翅目害虫起到了较好的防治作用。

昆虫奇妙的触角有着很多的功能，除了嗅觉以外，触角上还有许多感觉器，既能感触物体，又能感觉气流的振动和变化，具有一定的类似于听觉的功能，有的还能诱捕猎物呢！

如果你有兴趣的话，不妨去观察一下昆虫触角的形状，进而了解一下触角同它的生活习性有着怎么样的关系。因为昆虫的触角不但形状丰富多彩，而且还有着许多科学的奥秘，科学家已经预言，昆虫触角形态的研究将会给我们带来启示。目前，我们仅从触角的外部特征作了一定研究，一旦揭开了触角内部细胞和受体部位的密码信息以后，将在仿生学、昆虫法医学、昆虫行为学、昆虫分类学等各种学科产生十分重要的

作用。

科学家已发现昆虫触角感觉器的形态、感觉毛的排列，与目前无线电技术中的各种天线形式极为相似，这种巧合是否蕴藏着科学奥秘？

此外，科学家推测昆虫触角可能还具有探测电磁波的功能。微波、红外线和紫外线都是电磁波，而昆虫的触角则可能是一种微弱电磁波的接收天线。科学家一旦解开了昆虫触角的奥秘，或许就可以制作仿生型的无线电天线，大大提高无线电天线的性能。还可以制成能对各种害虫产生高特异性的永久性电子诱虫器，为人类带来福音。

昆虫的耳朵

请猜一下，昆虫的耳朵长在哪里？你一定猜不着吧！没有关系，因为昆虫的"耳朵"与人类不一样，它不是长在头上，而是长在身体的其他部位上。真的不好找！现在已经知道，蝗虫的"耳朵"是长在它的腹部第一节侧面上，只要掀开蝗虫的翅膀，腹部侧面两只大圆斑——"耳朵"就会呈现在你的眼前。

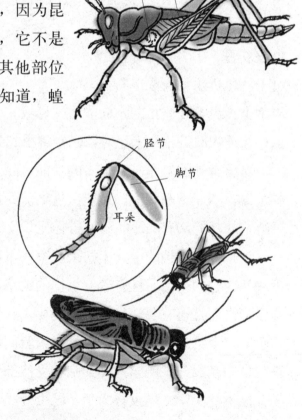

蟋蟀和蝈蝈的"耳朵"是长在前足胫节侧面上，这种"耳朵"犹如一条细缝，直通一个囊袋，袋的底部是一层绷得很紧的薄

膜，就像鼓膜一样。在薄膜后面有一个充满空气的空腔，声波在这儿引起空气振动，薄膜的这种振动刺激着分布在周围的感觉细胞，引起听觉，把信息传给神经系统。声音沿着连接双耳和蟋蟀身上气门上的呼吸管传递，在"耳朵"鼓膜处所得到的振幅指明了声源的方向。蟋蟀的鼓膜平时常被掩盖，不易被人所察觉。

生活在水中的划蝽，"耳朵"长在后翅靠胸部处，后翅关节下面有一个听膜器，上连声波信号接收器，能听到同一种类同伴摩擦发出的声音信号。

昆虫学家已了解到：有些蝴蝶，如蛱蝶和眼蝶的"耳朵"长在前、后翅靠胸部的地方，而类似蝴蝶的飞蛾，如尺蛾和螟蛾的"耳朵"长在腹部第一节上；钩蛾、燕蛾等一些蛾子的"耳朵"长在腹部。某些天蛾的"耳朵"长在口器上，因此，天蛾在取食时遇到有超声波的声音，就会逃之夭夭。又譬如，二尾舟蛾的"耳朵"长在前胸的两个背角上。总之，飞蛾的"耳朵"最叫人捉摸不透。它们的位置变动大，需要花费心思寻找呢！

有几种蛾子幼虫的"耳朵"是一种感觉器。它们主要长在幼虫的头部，如果我们细心观察的话，就会发现在一条毛毛虫前面，稍一有声音，毛毛虫便会突然静止不动，或者身体前、后发生收缩，揉作一团。

蝉的"耳朵"是长在胸、腹部之间，它的发音器官由音盖、鼓膜、褶膜和镜膜组成，镜膜也就是它的"耳朵"。

在众多的昆虫中，听力最好的"耳朵"要数雄蚊和豉甲虫了。它们的"耳朵"长在触角上，里面有上万个感觉细胞，反应极为灵敏。豉甲虫是一种黑色的小虫，它们在池塘和河湾里的水面上随意地滑来滑去，仿佛在溜冰。如果你想凑过去看看，则不行，当你的身影刚一靠近水面，它便拔腿溜跑了。

昆虫的舌头

人的舌头上长满了密密麻麻的味蕾，食物中的甜、酸、苦、辣、鲜等味道，都是由它来分辨品尝。各种美味佳肴、美酒好茶都因有了舌头的品尝，使人类的饮食生活变得有滋有味、丰富多彩。

大多数昆虫的舌头都有味觉的感觉器，如蜜蜂的味觉器官就长在舌头上，其他昆虫的味觉器官一般也位于嘴巴附近，如舌、上咽头、小颚、小颚须和内唇等部位。

如果我们仔细观察蟋蟀、蝈蝈取食的话，就会发现它们一见到食物，除了摆动触角以外，嘴巴旁边的颚须也会出现动作。一旦确认这种食物是可口的话，它们就会狼吞虎咽地咀嚼。蝗虫吃东西时先用上牙和下唇上的触须接触食物，试探一下食物的味道，然后再咀嚼。

蟑螂的嘴边有 4 条触须和许多短毛，触须是它咀嚼食物的工具，短毛则为味觉和嗅觉器官，其内部与感觉神经相连。

苍蝇的口器上和腿上都有无数的味觉毛，它们只要在食物上舔一下，便知道这种味道是否适合自己的胃口。苍蝇对盐类和酸类的物质很敏感，也不喜欢，因此遇到这些东西便会避开，不予理睬。

由于昆虫的口器形状各异，因而它们的味觉器官没有固定的位置，有些昆虫的味觉器官甚至长在它们的脚上，如长吻蛱蝶的味觉器官是长在它的中、后足的跗节上面。金蝇的味觉器官长在前爪的一对跗节上，如果把糖水蘸在它们足的跗节上时，它们的嘴巴就会伸出来，准备吮吸和舐吸了。

　　长吻蛱蝶的体形长得比较大，它非常漂亮，翅膀是樱桃色里带些黑色。长吻蛱蝶很少停在花朵上面，而当桦树及栎树流出树液的时候，它远远地就感觉到了，便一定会飞向分泌树液的地方。

　　了解了昆虫的味觉器官，就可以为诱捕、利用昆虫起到一定的辅助作用。

昆虫的嘴巴

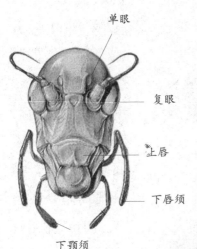

单眼

复眼

上唇

下唇须

下颚须

　　昆虫的嘴巴称为"口器"，其形状千奇百怪！各种奇形怪状的嘴巴同它们的取食习性有着密切的关系。大多数昆虫的嘴巴与人的嘴巴有点相似。不管是取食植物的昆虫（植食性昆虫），还是取食小生物的昆虫（肉食性昆虫），它们都是以上、下嘴唇把经过选择的食物扒到嘴边，用大颚作"牙齿"夹住并切断食物，通过上下颚、上下唇的磨槽研碎后，由舌头分泌出

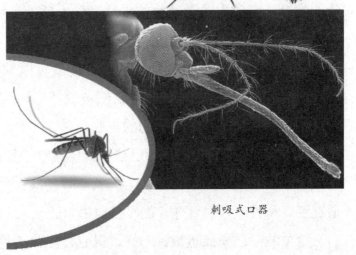

刺吸式口器

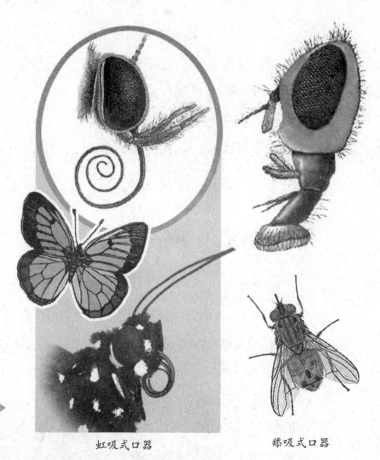

大量唾液帮助消化，最后再输送到体内的消化器官。蝗虫、蝈蝈和瓢虫等昆虫的嘴巴，都是这种咀嚼式口器。

蝉和蚊子都是取食液汁，以吮吸方式取食的，因而它们的嘴唇就变成一根中间空的圆筒，牙齿变成一支中间空的吸针，藏在圆筒里，吸食

虹吸式口器　　舐吸式口器

时才伸出来，口器像根针、刺一样，呈刺吸式。蚊子吸食时，先用针状的嘴巴，刺破人或者动物的皮肤，注入唾液，借助咽喉的抽吸作用，将人或动物的血吸到它的肚子里去。巧妙的是，蚊子的唾液里含有抗凝血素，蚊子吸血时先分泌唾液，这样就可以源源不断地吮吸，不必担心血液的凝固。因此，每当我们被蚊子叮咬以后就会感觉到奇痒，那是因为它的唾液刺激了我们的皮肤。

同样是吸人血，虱子的嘴巴结构就要比蚊子复杂得多。当它叮咬时，口齿会翻出，固定在人体皮肤上。吸血时，口针刺入人体皮肤内，唾液通过细管和舌注入血管内，同时将血由口腔吸入，通过咽喉进入食管。

椿象的嘴巴虽然也像针一样，但它在吃食植物的茎、叶时，可起到

嚼吸式口器

撕碎和破坏植物组织、筛滤食物碎屑等作用。

蝴蝶和有些飞蛾吸食花蜜、植物液汁。它们的嘴巴就简单多了，两对大牙变成由许多环节组成、中间空心、能自由伸展又能随时蜷缩的管子，下唇则变成两根向前伸着的毛须。取食时，这种虹吸式的口器倏地伸展探吸。

苍蝇的嘴巴是"舐吸式口器"，它的两个大牙已经退化，嘴唇变成了两块瓦片状合在一起的"空槽"。所以，苍蝇吃东西时是一边舐一边吸食汁液的。

蜜蜂的嘴巴则有双重功能，既能咀嚼花粉，又能吸食花蜜。它的下牙和下唇变成了一根带毛的长管，所以被称为嚼吸式口器。由于蜜蜂的嘴上有许多长毛，会沾上花朵中的花粉，因此在取食的同时又起着为作物传授花粉的作用。

有趣的是，龙虱的幼虫没有嘴巴，却照样能取食小鱼、小虾。那是怎么一回事呢？

龙虱是一种生活在水中的甲虫，也

长着刺吸式口器的昆虫

是一种很贪吃的肉食性昆虫。我国南方广东人却把龙虱当成一道美味佳肴。美食家用调料把它们精心制作成一种昆虫食品，畅销海内外，味道十分鲜美。

龙虱捕食水栖昆虫以及类似蜗牛、蝌蚪的小动物，甚至对大一点的青蛙、小鱼等都要进行攻击。它的幼虫也是肉食性的，虽然没有嘴巴，却长着一对又窄又长的大颚，就像两把"镰刀"，颚的端部和基部各有一个小孔，里面有管道相连。

当龙虱幼虫用颚扎住一条小鱼以后，它的食管就会分泌出具有麻痹作用的唾液，通过颚的两个小孔流向小鱼，使猎物很快地丧失活动能力。接着，它又分泌出含有蛋白质水解酶的消化液，通过颚孔稀释和消化鱼身体里的物质，然后又通过颚管把稀释的物质吸进咽喉。最后，它又吐出另一种消化液把鱼的一切物质都消化吸收了。龙虱幼虫的消化作用很特别，叫做肠外消化。随后它会用前足清除挂在镰刀颚上的食物残渣，并且很快就去捕猎新的猎物。

蜻蜓幼虫的嘴巴也很特别。它生活在水里，十分爱吃活的孑子。可是它既不善于游泳，爬得又慢，这可怎么来捕食呢？幸好，它的下唇演变为一块"长板子"，末端有两个能活动的大钩子。平时，"长板子"是折叠起来的，好像假面具似的遮盖在头的前部。遇到猎物它就会往前甩出去，用活动的钩子捉住猎物，再把下唇往嘴边对折过来，于是猎物就到了嘴边。

昆虫的嘴巴也同它的触角一样，五花八门，形式多样。正因为如此，才使昆虫的取食种类和范围大大地扩展，增强了它们的生存能力。

我们了解了昆虫的各种嘴巴，这将有助于有的放矢地对付害虫。例

长着咀嚼式口器的昆虫

如：咀嚼式口器的昆虫主要啃食植物的枝叶，我们可用胃毒性的杀虫剂对付它们，让毒药随着叶面一起被昆虫吞食到消化器官里，起到杀虫效果。而刺吸式口器的昆虫常常在植物内部刺吸，胃毒性杀虫剂对它们不起作用，此时就需要用内吸性杀虫剂去对付它们。苍蝇的口器为舔吸式，也可用胃毒性杀虫剂来对付它。

昆虫的翅膀

昆虫是地球上最早在空中飞行的动物，它们的翅膀是在自然界长期演变过程中，由胸部背板后角延伸而逐渐发展形成的。昆虫翅膀的结构非常奇妙，既轻盈又结实。

昆虫的翅膀是由什么组成的呢？

粗粗一看，昆虫的翅膀是薄薄的膜质。仔细看时，中间有许多条硬的翅脉，密布着蜘蛛网似的翅脉室，它们将薄薄的翅面支撑起来。此外，翅膀上还有飞行肌肉，操纵着翅膀向上运动的称为提肌，操纵着翅膀向下运动的叫牵肌。在昆虫起飞时，这些肌肉就互相协调、发挥作用。前、后翅之间又由一搭钩"连锁器"密切配合，使翅膀的动作能够协调一致。昆虫展开奇妙的翅膀，就能在天空中自由飞翔。

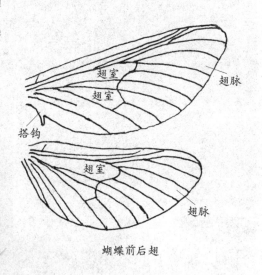

蝴蝶前后翅

然而，种类庞杂的昆虫不可能都有相同的翅膀，翅膀的形态和质地因昆虫种类的不同而有所变化。如甲虫的前翅骨化成鞘翅；蟋蟀、蝗虫

等昆虫的前翅骨化成皮骨质，这样既可以保护身体又可以保护后翅；苍蝇的前翅膜质化而其后翅则退化成一骨质的平衡棒。

昆虫的飞行速度由翅膀

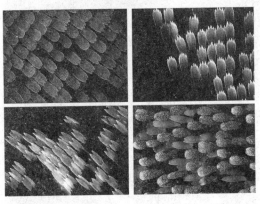

振动的频率决定，如蜜蜂 180～200 次／秒，苍蝇 200 次／秒，它们的飞行速度是其他动物所不能比的。蜻蜓以 30～50 次／秒的频率，用翅尖作"8"字运动，飞行姿

蝴蝶的"鳞片"

态优美、利落，在空中上下起伏、快慢有序、错落有致，甚至还能做悬

空定位表演！蜻蜓还能以 10～20 米/秒的高速度，在空中连续飞行数百千米，这样一套出色的飞行本领在昆虫界中勘称一流。

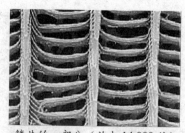

鳞片的一部分（放大 14 000 倍）

蝴蝶为什么会这样美丽？这同它翅膀上艳丽的斑纹和色彩有关。将蝴蝶的翅翼放在显微镜下观察，便可以看到翅翼上如鱼鳞一般整齐地覆缀着无数的"鳞片"。蝴蝶的体表遍布"鳞片"。这些"鳞片"形状变化多端，有长有短，有细有宽，有的还带脊起棱，每个"鳞片"的底部都有一个细而短的小柄（如上图）。不同部位的"鳞片"显现出不同的颜色，组成了奇异的斑纹，真是五光十色、绚丽多彩。

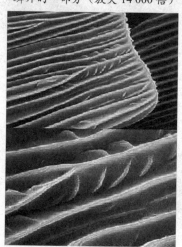

鳞片表面的突起

当你用手抓蝴蝶时，手指会沾上粉末，这些粉末就是"鳞片"。"鳞片"都是一个个单独的真皮细胞延伸并穿过表皮扩展而成的。"鳞片"一端的细柄是由长约 100 微米的扁平束状物组成。束状物由无数对称的角质层构成，角质层是生物体外骨骼，由几丁质组成，其表面并不光洁。当阳光照在蝶翅上后，受角质层的反射作用，能产生闪闪发光的效果。"鳞片"表面的细微构造所引起的曲折、反射和干扰，在不同的投射角和不同的光源下，可以产生不同的金属光泽和千变万化的彩

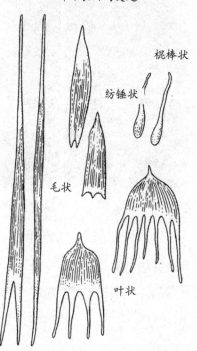

棍棒状

纺锤状

毛状

叶状

虹色。

其实，"鳞片"本身也含有无数微小的色素颗粒，从而呈现出各种颜色。当光波的波长和色素颗粒起化学变

鳞翅目昆虫翅上的有趣图案

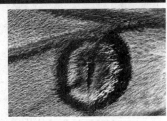

化时，色素的颜色就会褪淡或完全消失。由于"鳞片"上这两种色源交织在一起，就使蝶翅色彩斑斓闪烁、分外娇美。而不同的蝴蝶种类翅面上会呈现不同的斑纹和色彩，构成了一幅幅不同的蝶翅图案，这不光是识别蝴蝶种类的特征，更为蝴蝶的美丽锦上添花。

23

昆虫的足和腹部

昆虫不但有翅膀会飞翔，而且还有行动敏捷的足。昆虫的足很像一台挖土机的铁臂，由基节、转节、腿节、胫节和跗节爪组成，活动起来很灵活。基节负责足的动作，转节操纵足的旋转，腿节上有着发达的肌肉，起铁臂和拉链作用，胫节能推拉足的伸长或收缩。昆虫行走时，步迈得大或小与它的胫节有关。跗节一般由4～5

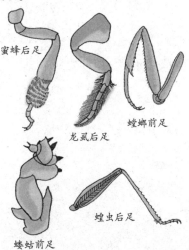

蜜蜂后足

龙虱后足

螳螂前足

蝼蛄前足

蝗虫后足

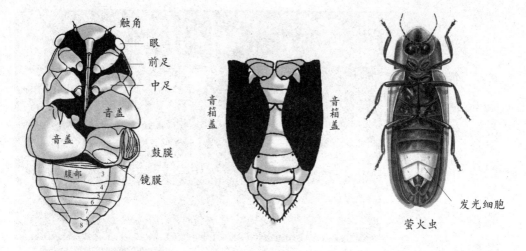

触角

眼
前足
中足
音盖
音盖
腹部 3
鼓膜
镜膜
4
5
6
7
8

音箱盖
音箱盖

发光细胞
萤火虫

小节组成，运动灵活，便于抓和攀爬。昆虫的足每节又有各自不同的肌肉组织，由脑神经控制和协调，使肌肉能收缩和松弛。

昆虫的腹部有各种器官。腹部内有生殖、消化、排泄、呼吸和循环等器官。当然不同的昆虫，器官所处的位置是不同的。蜜蜂、胡蜂的产卵管已不用于产卵，而特化为蜇刺，平时缩入腹部藏而不露，一旦蜇刺时插入对方皮肤，排出毒汁进行攻击。蝉的腹部带有发音器官，长在腹部腹面第一节的两边，上面各有一块黑色发亮、半圆形的盖板，全部发音器官都隐藏在盖板下面的洼坑中，好像一个天然的"音箱"。

大多数萤火虫的腹部有发光构造，它们的腹部末端有几千个发光细胞，发光细胞中装满线粒体，线粒体能将身体内所吸收的养分氧化，制作成含有能量的物质，那就是三磷酸腺苷（ATP）。

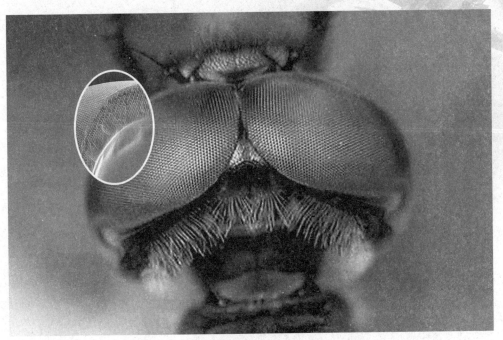

二、拜昆虫为师

你听说过仿生学吗？

仿生学是一门先进的综合性边缘学科，主要研究生物（植物和动物也包括昆虫）系统的结构特性、能量转换和信息过程，将这些知识用于改善、创造崭新的机械、仪器、建筑、医药等领域。简单地说，就是模仿生物的结构优势，作为现代新技术的手段，创造新产品。

仿生的名词来源于希腊文"bion"，其含义就是生命。1960年，在美国第一届仿生科学讨论会上，仿生学被正式创立了。这是一门令所有的科学家都感兴趣的学科，它不但需要科学家了解生物体的结构、生理和行为等，还要会运用当今高科技的技术手段，诸如计算机、纳米技术、现代通信及生物化学等先进科学综合起来的学科。因而，仿生学不仅仅是涉及生物学和数、理、化领域里的一门科学，还是涉及医学、电子学、自动化等多种学科领域的一门高科技科学。

仿生学是一门新兴的科学，从 20 世纪 70 年代起已不断有科普读物介绍过仿生学。本书着重介绍与昆虫有关的仿生内容。

昆虫在亿万年的进化过程中，发展形成了形形色色的生存本领。随着科学的进步，人们开始"拜昆虫为师"，模仿昆虫器官的某种功能，开发出高科技产品。

现在，让我们走近这些昆虫发明家，欣赏一下昆虫的绝技，并了解科学家向昆虫发明家取经后获得的新科技成果。阅读本书后，你也可以举一反三，观察我们熟悉的生物，再根据自己的需要去学习、思考、模仿和探讨。

生活中的仿生产品

洁身自好的防污产品 在我们的生活中，已经出现了许多仿生产品。自古到今，人们一直赞扬"出污泥而不染"的莲花的高贵品质。近年来，德国科学家已解开了莲花不染污泥的奥秘：在莲叶表层附着数不清的微米级蜡质乳突结构，而每个微米级乳突表面又附有许许多多与其结构相似的纳米级颗粒，仿佛给莲叶覆盖上了一层蜡，使叶面始终保持干爽洁净。

受莲叶的启发，德国科研人员准备开发能有效清洁汽车、飞机等运输工具的防污产品。

不久，一种应用纳米技术生产的涂料将面世。这种涂料涂在建筑物外墙上，10 年内不清洗也能保持洁净、亮丽的效果。这种新产品涂料就是仿莲叶的"特异功能"而研制成的。

鸭足与潜水服 从电视画面上，我们可以看到潜水员在水下游泳的动作多么像鸭足的拨动。一点也不错，鸭足的蹼为鸭子在水中悠闲地游荡，减少水面干扰，起了很大的作用。人们模仿鸭足蹼的推进力，研制出带有蹼足的潜水服。

人造丝的"发明家"

我们大家都很熟悉，蜘蛛常常躲在角落里，织起一张大大的网，静静地等待着猎物的到来。当一只飞虫不小心撞到网上，蜘蛛便会敏感地觉察到，同时赶到飞虫落网的地方，以它喷壶式多孔的

蜘蛛网

丝束喷出许多丝，将"自投罗网"的飞虫捆绑住，并用毒牙放出麻醉剂，将猎物麻醉后饱餐一顿。生物学家研究蜘蛛这套吐丝的本领后，就模仿发明出了人造丝。

蛛丝超强的强度和弹性，成为世界上最好的防弹衣的原料。由于蛛丝的来源很少，提取工艺又很复杂，技术难度高，规模生产不容易实现，所以科学家就对蛛丝的蛋白质化学物质结构和蛋白晶体聚合物做进一步的研究，期望能研制出人工合成的蜘蛛丝。

加拿大科学家将山羊乳液与蛛丝蛋白联系起来，研制出了一种新的轻型纤维材料。实验证明，这种人造丝比钢材的强度更高，弹性更足，被誉为"生物钢"。科学家发现，山羊乳液中所含的奶蛋白同蜘蛛的丝蛋白结构模式是一样的。他们将蜘蛛的蛋白生成基因移植到山羊的乳腺细胞中，从山羊的乳液中提取出了类似蛛丝的可溶性蛋白，成功地研制出了模仿蜘蛛吐丝的最新技术。这种纤维材料的应用范围很广，既可制成高强度塑料，也可用于编织海洋捕鱼的拖网。人造丝的发明，真得感谢蜘蛛呢！

虫眼照相机

昆虫的眼睛，堪称是一架完美的照相机。看看科学家是怎样向它们学习的！

我们现在用的大屏幕彩电，能将一台台小彩电荧光屏组成一个大画面，并且在一个大屏幕上的任何一个位置，框出特定的小画面。这种先进的电视技术，就是模仿昆虫单复眼的结构创造出来的。

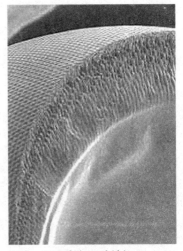

不久前，美国加州大学伯克莱分校的一个研究小组发明了外观和功能上都与昆虫复眼一样的人造"昆虫眼"。他们是如何造出人造"昆虫眼"的呢？

首先，研究人员用 8700 个微镜头按蜂窝的形状平面排列。

第二步，用一薄层聚二甲基硅氧烷压在这个镜头阵列上。由于聚二甲基硅氧烷有较好的弹性，研究人员用负压将它"吸"成碗状，制成了复眼的模子。

人造昆虫眼的横切面

第三步，用一薄层对紫外线光敏感的环氧树脂在模子里浇成型，在低温下让这层树脂慢慢地凝固，形成带有微小镜头的半球形复眼毛坯。

第四步，制作与每个人造复眼相连的、相当于视神经的

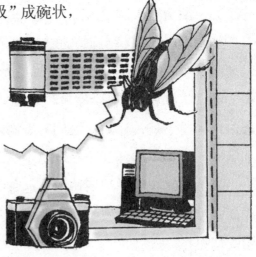

波导，也就是光的通道。

第五步，将多束紫外线照向复眼，被微镜头聚焦，使镜头及其下层的环氧树脂的光学特性发生改变，使每个微镜头都有了自己的波导。

最后，在每个波导后面排列一个感光电耦合器件，把人造复眼看到的图像记录下来。这样，一部"虫眼相机"就制成了。

这种相机的视野比目前最好的广角镜头还要宽广。这一仿生成果可以广泛应用在化工、医疗、军事等领域中。

昆虫复眼的分辨本领是很高的。物体摆在眼前，人类需要 0.05 秒的时间才能看清物体的轮廓。而苍蝇或蜜蜂只要 0.01 秒就够了，对人类来说只不过是一晃而过的运动物体，苍蝇则已经辨认出物体的形状和大小了。在昆虫复眼的启示下，一种新型的蝇眼照相机出现了。蝇眼相机的镜头由 1329 块小透镜黏合而成。一次便可拍摄到 1329 张照片，分辨率达 4000 条 / 厘米。这种照相机可以用来大量复制电子计算机精细的显微电路，在军事、医学、航空航天上被广泛应用。

奇妙的"测速仪"

在一场现代化的战争演习中，一群"敌机"（由地面遥控的无人飞行器）侵入领空，火箭部队奉命发射导弹攻击目标。由于飞行器目标小，又不断地改变着飞行速度，第一排导弹命中率不高。这时，指挥员下令改用"虫眼"导弹，只见又一排导弹飞向天空，"敌机"慌忙快速变换飞行方向和速度，但导弹也

蜻蜓的复眼

随之迅速变换方向和速度。刹那间，一阵隆隆巨响，所有导弹全部命中了目标。

为什么这种新式导弹具有这么高的命中率呢？原因在于人们给它装上了模仿昆虫复眼的虫眼速度计，它能迅速地测定导弹与目标间的相对速度，并指示导弹不断调整方向与速度，一举将目标击毁。

请你捉一只苍蝇、蜻蜓或螳螂看看，与其身躯相比，它们的一对眼睛显得多么大啊！如果通过放大镜再观察这对大眼睛，你就会发现它们是由许许多多小眼睛组成的，这就是复眼。

组成复眼的小眼非常之多，蜻蜓的一只复眼就有 28 000 只小眼。每一个小眼都有自己的屈光系统和感觉细胞，能见到 6 米内的运动物体，还具有测速功能。又因它的头部能任意转 180 度，所以蜻蜓的视野比较宽阔。当蜻蜓在空中飞舞时，地面上的房子、树木、花草在它的眼中急速地移动。但它看到的只是单个镜头而不是景物的连续移动。也就是说，昆虫看运动的物体，是从一个小眼到另一个小眼，这样一来，昆虫看见物体的运动速度减慢了。所以，由这些小眼组成的复眼具有很高的时间分辨率，而且还是极为灵敏的速度计。

昆虫复眼能把运动物体连续的单个镜头，由各个小眼独立成像，然后再来"看"物体。这种奇特的"视觉原理"，被科学家发现后应用于技术领域。有一种光学测速仪，就是模仿昆虫复眼的这种视觉原理来测量运动物体的速度。

模仿昆虫复眼制造的虫眼速度计，它的用途可大啦。除了装在导弹上可以随时测出导弹与目标的相对速度，以提高命中率外，它还可以装在飞机上，用来测量飞机相对于地面的速度。飞机有了这种"眼睛"，在着陆时就能随时测知相对于地面的速度，既不会飞得太慢而耽误时间，也不会飞得太快而飞过了头。

昆虫飞行器

昆虫的飞行能力，令科学家赞叹不已。要是我们制造的飞行器能像蜻蜓一样飞行自如，那有多好！

在昆虫飞行技术的启示下，澳大利亚科学家制造出一种新型飞行器。这种飞行器有多个摄像头，可

紫外眼雷达器

昆虫的种类不同，复眼的大小也不一样，对颜色的分辨能力和敏感程度也不相同。蚂蚁、蜜蜂、飞蛾以及果蝇的眼睛，比我们人眼多了一种本领能看到人们眼睛看不到的紫外线。因此，我国农民用"黑光灯"（发出紫外线）来诱杀害虫，已收到明显效果。科学家已在昆虫复眼中发现了对紫外光敏感的视色素，难怪许多夜间活动的昆虫，也能看见东西，因为它们会发射"紫外雷达"来探测周围环境。由于人眼看不见紫外线，热敏元件又探测不到紫外线，因此，研究和模仿昆虫"紫外眼"也就具有一定的意义。

以模仿昆虫复眼的视角采集各个方向的图像。

我们把这种飞行器称为昆虫飞行器。昆虫飞行器在飞行时，摄像机会把采集到的图像信息，随时传回到一个精致的小型传感器上，传感器根据来自每个角度的图像信息，判断自己的位置，指挥飞行状态。这种昆虫飞行器将用于太空探测，以后，我们就可以从更多的角度来了解火星的地形和地貌了。

飞机速度指示器

不少昆虫都有一种特殊的本领，那就是寻找目标非常快，降落点非常准确。科学家仔细研究发现，它们竟然会测量和控制速度。那么，昆虫是用什么来测量速度的呢？

德国科学家在研究一种甲虫的眼睛过程中，发现该甲虫是根据目标从它复眼的一点移动到另一点所需要的时间来测量自己的速度的。科学家就模仿这种甲虫的测速原理，在飞机头部设置一个光电管，在机尾处再放一个光电管，两个光电管都连接到计算机上，制成了飞机速度指示器。

有一种象鼻虫的眼睛也能根据目标，从它复眼的一点移动到另一点所需要的时间，计算出自己飞行着陆时相对于地面的飞行速度，因而这种甲虫飞行降落的地点十分准确。专家们模仿象鼻虫复眼功能，研制出一种测速仪。

现在，我们看到马路上交警用来测量汽车超速用的测速仪，其实就是根据这种原理制造出来的！

角膜与弱光微波

科学家已发现，昆虫眼睛的角膜不是很平滑的，它上面覆盖着大量微细的小结节。而我们制造的大多数光学仪器把透镜打磨得非常光滑，还以为越光滑越好呢！其实，光滑的表面对光的反射效率会起一定的负面影响。

在某些情况下，昆虫眼睛角膜不平滑的表面要比光学仪器所用的特殊覆盖层更为有效呢！科学家一边在揭示昆虫眼睛角膜的结构和功能，一边在为人造透镜设计出更好的覆盖层。如果仿生成功，就可作为设计弱光线反射的微波仪器所借用。

定位本领

在昆虫世界，有很多昆虫依靠太阳偏振光来确定方向，如蜜蜂、金龟子和蚂蚁等。即使在乌云蔽日或太阳处在地平线以下的情况下，它们也能以太阳作为定向线，这样就不会迷失方向了。人们从蜜蜂复眼和单眼都能感受太阳的偏振光中得到启发，制造出了用于航海的偏振光天文罗盘。使用这种仪器，即使是在阴天或太阳西沉时，也不至于迷失在茫茫大海上。

夏天的池塘或小河里，我们可以见到一种黑色的水生小甲虫，它的

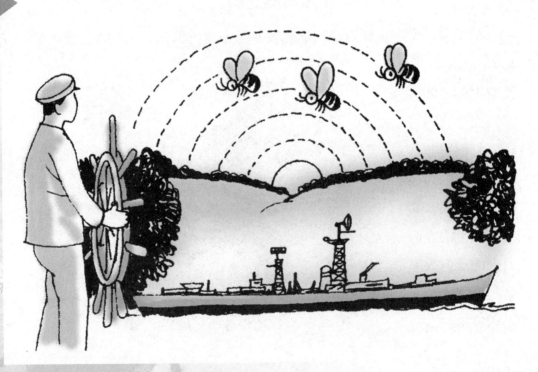

名字叫豉虫。豉虫整天在水面上滑来滑去。当你凑近看它时，它就会迅速溜走。

豉虫为什么这样灵敏？因为它的眼睛长得很特别，每只眼睛都分成水上和水下两部分，这样看上去，它的一对眼睛似乎有4只，两只观察水里，两只照看天空。豉虫的触角也很特别，触角上密密麻

麻地布满了刚毛，能探测水面的表面波压力，并通过神经将这些信息报告给大脑。于是，豉虫就能很快地得知周围环境的情况。

豉虫这种特殊的定位系统，已使无线电定位设计者对它产生浓厚的兴趣，决定把豉虫当参谋呢！科学家已根据某些水生昆虫小眼的视觉抑制原理，制成了一种侧抑制电子模型，拍出的照片能增强图像边缘反差，也可用于文字和图片识别系统的预处理工作。

火星飞行器

火星上没有磁场，不能帮助我们判断方向。所以我们在地面上所用的导航仪器也就无法在火星上使用。怎么办？科学家把目光投向了蜜蜂。蜜蜂的眼睛有一种特殊的本领，它能在飞行中定位，能利用天空中的磁偏振图形、陆地标志等来导航。这个特性如果可以为人类所用，就可以

到火星上发挥作用了。

澳大利亚科学家根据蜜蜂眼睛的定位功能，已经研制出一种考察火星的超小型飞行器。其大小如一块巧克力，飞行定位模仿蜜蜂眼睛的功能：蜂眼的导航启示了有实用价值的导航传感器的产生。

此外，蜻蜓、蜜蜂、蝗虫的复眼结构，又启示研究人员造出电子复眼，以通过测量紫外光线和绿光的分布来保持水平飞行，解决了在火星上过于稀薄的大气中如何平稳飞行的问题。小型飞行器很快就会出现，它会以蜻蜓的灵活敏捷和蜜蜂的准确定位的性能在火星表面执行探测任务。

三、灵敏的昆虫触角

昆虫的眼睛有我们人类无法企及的特殊功能，它们的嗅觉功能同样被科学家所器重，并通过模仿它们鼻子的某些特殊功能，制造出了许多电子鼻和分析仪。现在，就让我们一起来探索昆虫触角的奥秘。

苍蝇与电子鼻

苍蝇成虫的特点是头大，眼大，口器唇瓣发达，前翅膀透明，后翅膀退化成哑铃状的小棍棒，3对细足密布茸毛。它的爱好是追逐臭味，凡腐败的动植物、人畜粪便、垃圾等异味发生的地方就会引来成群的苍蝇。苍蝇取食时，会吐出嗉囊液来溶解食物，习惯边吃、边吐、边拉。它们通过取食和排泄的过程将肝炎、霍乱等病菌带到食物及餐具上。当人们食用被污染的食品及使用餐具时，就易被感染。此外，苍蝇全身的毛和爪垫能黏附大量的病原体及寄生虫卵，因此是令人讨厌的害虫。

然而，苍蝇竟然成了科学研究的宠儿。科学家已利用苍蝇灵敏的嗅觉功能和飞行特点，在仿生科学上进行模仿运用；利用它的逐臭趋腐的本性，在侦破案件中为推测死者死亡原因和死亡时间提供参考；将果蝇作为科学实验的材料，大量地运用在基因研究上；苍蝇体内的蛋白质及高分子物质，在生物医药科学上也充分显示出利用价值。总之，苍蝇已经在科学研究的领域里充分显示其"才能"。

电子鼻

苍蝇的两根触角是非常灵敏的嗅觉器官，能很好地搜集飘浮在空气中的各种气味，苍蝇甚至能嗅到 40 千米以外的食物源。

科学家在研究了苍蝇的嗅觉系统后发现，它的"鼻子"——嗅觉感受器分布在头部的一对触角上。每个"鼻子"只有一个"鼻孔"与外界相通，内含上百个嗅觉神经细胞。若有气味进入"鼻孔"，这些神经细胞立刻把气味刺激转变成神经电脉冲，送往大脑。

那么苍蝇是如何将化学反应转化为电脉冲信号的呢？原来，苍蝇一闻到"食物"的味道，就会在触角的神经节产生生物电位，并及时记录到不同气味所产生的电信号。人们通过模仿苍蝇触角的嗅觉功能，将食品气味的化学味转变为电脉冲的形式，仿制成十分灵敏的电子鼻和小型气体分析仪。这种气体分析仪被安装在宇宙飞船座舱里，用来分析其中的气体。在战场上，电子鼻可用来监测敌方是否施放毒气，还可用于在地震后的废墟中寻找受难者。另外，也可以测量潜水艇和矿井里的有毒气体，及时发出警报。

最近，英国科学家在一只活的昆虫的两根触角中，分别直接植入一小块电子芯片。通过实验观察发现，每当这对触角触及不同气味的物体时，触角内的芯片上立即会出现不同的生物化学反应。由此，科学家受到启迪，利用昆虫的触角设计出一种新型气体分析仪。这种分析仪可预先检测生活中各种食品、蔬菜、鲜果的腐败变质情况，并采取预防措施。

　　一些仿生学家还根据苍蝇嗅觉器的结构和功能，仿制成功一种十分奇特的小型气体分析仪。这种仪器的"探头"不是金属，而是活的苍蝇。就是把非常纤细的微电极插到苍蝇的嗅觉神经上，将引导出来的神经电信号经电子线路放大后，送给分析器。分析器一经发现气味物质信号，便能发出警报。

39

知识链接

苍蝇破案

　　20世纪90年代，美国马里兰州的警署里有人来报案：他的妻子数天前傍晚外出散步，至今未见回家。妻子行为正派，既无相好也无冤家。为此，丈夫十分焦急，担心妻子遭遇不测。事情果然不出他所料。不久以后，警察便在郊外发现一具衣着完整的妇女尸体。发现时，尸体已有不少地方腐烂，并且在她的胸部、颈部等地方出现许多蝇蛆，两个手心里也有很多蛆虫。当时检查尸体的结论为：死者由于药物过量而致死。家属不满意这个结论，要求重新审查。昆虫学家在协助检查时发现，这些蛆虫为苍蝇，并根据蛆虫龄期推算它出现的日子，竟和该妇女失踪的时间相符合，尸体胸、颈、手出现大量蝇蛆，显示出死者死前先有外伤。于是根据法院裁定，掘出尸体，仔细检查遗骨，发现在蝇蛆集中部位明显有戳伤痕迹，因而确认为他杀。用苍蝇来破案的例子不胜枚举，并已作为刑警判断人体死亡时间的有效工具之一。

蝇蛆治病

蝇蛆除了能够破案外，还能治病呢！在 20 世纪 50 年代，我国昆虫学家就有用家蝇的蝇蛆治病的记录。蝇蛆经饲养消毒后，放到病人的伤口处，可以用来清除伤口的腐烂组织与细菌。

20 世纪 90 年代，美国加州的一位医生对蝇蛆进行研究后发现，把无菌处理后的蝇蛆放在伤口处，用筛网固定，2 ～ 3 天后，伤口就可以愈合了。蝇蛆这种有助于伤口愈合，又可以杀菌，促进健康组织生长的能力，现在已得到了国外科学家的认可。

现在，英国已有 50 多家医院用蝇蛆清理被感染的伤口和褥疮，促进烧伤病人的伤口愈合，治疗糖尿病人腿部溃烂，去除了患者的烦恼，尤其是挽救了不少因伤口无法愈合而要截肢的病人。

此外，运用无菌操作新技术，饲养大量无病毒的家蝇蝇蛆，将其研磨成干粉，加入到鸡和猪的饲料中去，有助于提高鸡的产蛋率和猪的瘦肉率。

生物检测器

昆虫触角对某些特殊化学气味物质特别敏感，在感觉作用下，会产生电信号。科学家将这种电信号通过放大器放大，并输入到示波器中进行检测。如果把检测的样品放在毛细管气相色谱分析仪的色谱柱出口处，和这种生物检测器连接，就能很快知道被测定的样品中是否存在该种昆虫所喜爱的气味物质，这种生物检测器对研究昆虫的化学通信"语言"十分有用。

目前我国科学家已将模仿昆虫独特的嗅觉系统，研制高灵敏的生物传感器作为科学研究的重要任务。这种生物传感器的用途十分广泛：可以用来检测农药在农副产品中的残留，使我们能尽早吃到"放心食品"；可以对付恐怖分子使用的生物和化学武器，检测化学毒剂特性，保障社会的安全；还可以检测周围环境中的有害化学物质，为环境保护做贡献。

反恐精英

在昆虫侦探功劳簿上，有苍蝇、蚂蚁协助公安人员破解人命案、诈骗案等事例；有科学家培训出秘鲁白蝴蝶，用来协助侦察毒品，找出可卡因制毒窝点；有美国科学家培训蜜蜂在机场协助侦探，找出炸弹的记录……这一切都与昆虫具备灵敏的嗅觉功能密切相关。

科学家发现天蛾、蜜蜂和黄蜂的嗅觉灵敏，能识别出某些浓度极低的气味。于是，专家们利用这种特性，仿制出一种能探测污染物质或少量炸药的微型传感器，同时对这些昆虫进行训练，使它们能嗅出目标化学物品。例如美国科学家已训练出蜜蜂识别爆炸物，在机场让蜜蜂担当助手以对付恐怖分子的暗藏炸弹。

科学家把小型无线电发射装置安装在黄蜂身上，可以帮助识别地雷。如果有一天，当你看到警察不是带着警犬而是带着蜜蜂或者黄蜂去勘察的话，你一定不会感到奇怪了吧。

英国人斯蒂芬·詹姆斯训练蜜蜂，让它只有当感知一种特定的气味时，才做出反应——伸展出自己的喙。这时，蜜蜂就会得到糖水作为奖励。训练后的蜜蜂被固定在特制的"嗅气盒子"里，空气由风机吹入盒子，缓缓吹过蜜蜂。如果蜜蜂发现气流中有指定的气味，就会伸出自己的"吸管"。盒子里安装的微型摄像机拍摄下蜜蜂的一举一动，传送到装有运动感知软件的计算机，系统就会发出警报。

训练后的蜜蜂除了能发现塑料炸药和化学武器外，还能够帮助人们查找走私货物、假烟假酒。在食品质量控制中，让蜜蜂侦察特定的指示分子，能在肉眼可见的征兆出现之前预报水果蔬菜的成熟期。医学早期诊断方面，通过用蜜蜂来检测呼吸气流、血液和小便中的指示分子，发现癌症和其他疾病。

白蝴蝶闻味寻毒

看过电视剧《生死卧底》的观众不会忘记，毒贩们诡计多端，警察以机智勇敢和他们周旋。剧情跌宕起伏，观后我们可以深深地体会到要制服和侦破这些制毒贩毒的罪犯不是一件轻而易举的事情。世界上吸毒、贩毒活动日益猖獗，各国为了扫毒，除了使用现代科技设备，还利用警犬等动物的特异功能来对付毒品走私活动，取得显著效果。

秘鲁有一种白色小蝴蝶，专门喜欢吮吸可卡因树叶上的汁液，凡被吸食后的可卡因树很快便干枯死亡。据此，秘鲁政府出资聘请了一批昆虫学家与警方合作，大量繁殖、饲养这种白色小蝴蝶，让它们担当消灭毒品的侦探，而且郑重其事地把这个项目命名为"蝴蝶行动"。有了这群独特的侦探兵，毒品植物即使种在很偏僻荒凉的地方，白蝴蝶也能凭着它们灵敏的嗅觉找到目标，并且蜂拥而上吮吸树汁。同时，警察跟随着这些蝴蝶，找到了制毒贩毒的源头，给予违法分子以突如其来的打击。

气味仿生与诱捕蟑螂

昆虫对气味有很多特殊的爱好，利用这些特点，我们就能诱捕一些害虫。

害虫报警器

　　马铃薯如果遭到害虫入侵时，常常会产生一种气味。有一种甲虫特别喜欢闻这种味道，当它嗅到这种气味以后，会在触角产生一种电信号。于是科学家就利用这种现象，研制了像硅片一样的"害虫报警器"。将报警器装在这种甲虫身上，通过电路控制，便知道马铃薯是否受到害虫危害，以便及时地施药处理。

诱捕蟑螂

　　蟑螂是最常见、也是人们最讨厌的一种害虫，它在地球上已生存了约3亿年，比人类的历史长得多。自古到今，人类与蟑螂之间一直进行着一场没有硝烟的人虫大战，使尽了各种办法，但至今仍然对它们无可奈何。

　　人类对蟑螂虽然用了各种化学药剂，但只能杀灭一部分或大部分，而那些未被杀死的蟑螂不但能存活下来，甚至会繁殖出抗药性更强的下一代，它们分解化学毒剂的能力也更强了。即使人们又采用配以硼酸粉等各种诱捕法来对付它们，也不能将其消灭干净。

　　随着对昆虫研究的深入，科学家已掌握了蟑螂相互间的化学通信"语言"。20世纪80年代，美国堪萨斯州的一位科学家研制出一种诱杀蟑螂的捕捉装置，他用人

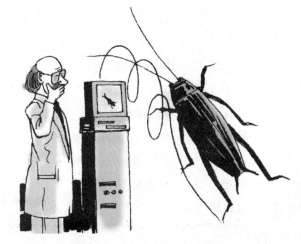

工合成的化学性信息素和有毒粘性纸一起放在诱捕器上，粘性纸所散发的气味与雌蟑螂分泌出来的性激素气味几乎一样。结果，在 5 秒钟内就显示出效果，能把 8 米左右范围的雄蟑螂引诱到粘性纸上而毒死。不久，荷兰科学家也合成了一种类似的性信息素。

此外，科学家又研制成功了一种人工合成的化学药品。这种药品能散发出一股特殊的香气，蟑螂如果吸了这种香气，交配后不能繁殖后代。这些人工合成的物质大多还处于研究阶段，如果能变成产品推广的话，那么对蟑螂的防治将起到很好的作用。

诱杀、驱避蚊子

俗话说："知己知彼，百战不殆。"了解蚊子的好恶，才可以找到制服它的办法。如蚊子喜欢叮什么人而不喜欢叮什么人，这正是科技人员

知识链接

生物天线

科学家把昆虫的触角比作"生物天线"。有趣的是英文中的 antenna 即指无线电的天线，又解释为昆虫触角，可见两者颇具共同点。

科学家已发现昆虫触角的电解质常数约为 2.5～4.0，与无线电的介质天线相似。科学家又发现昆虫触角里的感觉器形状与当今无线电天线设计形式相吻合，这显然并非巧合。

据报道，美国正准备研究一种昆虫"侦察机"。研究人员要开发出与昆虫触角同样大小的天线，同时还要配上一种小型燃料电池以提供动力，有了传送天线和电力提供，这样昆虫侦察机就能像昆虫那样飞行了。

要研究的项目。蚊子通常爱叮穿深颜色衣服的人，爱叮平时出汗多、又不爱洗澡的人，爱叮皮肤娇嫩的儿童等。这是什么原因呢？

原来，蚊子的一对复眼既可以识别物体的轮廓，又可以区别不同的颜色和光线的强弱。它们一般喜欢弱光，不喜欢黑咕隆咚或强烈光线。深颜色衣服要比浅色衣服反射的光线弱，很适合蚊子的视觉习惯。

此外，蚊子的触角和腿上的刚毛又有敏感的传感作用，也是蚊子探测周围环境的器官，能敏感地感受到周围环境的温度、湿度、气流和酸碱度等信息。平时出汗多又不爱洗澡的人，皮肤上粘有较多的赖氨酸和乳酸，蚊子就借着这种酸滋滋的气味，很快地找到吸血目标。儿童的皮肤很娇嫩，新陈代谢也快，出汗就多，所以很容易招蚊子。

现在已知蚊子最讨厌的化学物质为邻苯二甲酸酯。科学家正在研制有针对性的化学产品，利用蚊子的爱好味及讨厌味的特点来研制诱杀蚊子和驱避蚊子，使人体免受蚊子叮咬的困扰。

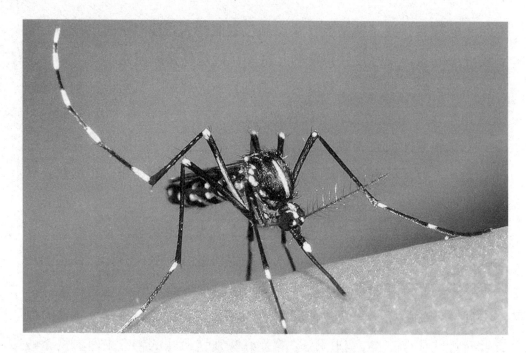

四、嘴和耳的启示

昆虫的嘴巴和耳朵有什么值得我们学习和借鉴的呢？哦，先让我们听听它们的声音。

驱蚊电波器

科学家发现了蚊子之间进行联络的秘密，原来它们是通过一种毫米波段的无线电波来保持联系的。蚊子的"电台"就是翅膀振动发出的"声音"，工作半径为15厘米左右。于是，人们就模仿蚊子的无线电波段，用电子仪器来引诱，这样就能够杀灭和驱赶它们了。

一种模仿昆虫声波的电子驱蚊器已问世。它是模仿蜻蜓翅膀振动的声音，让蚊子听到声音便惊恐万分、落荒而逃。众所皆知，夏天，骚扰我们生活不安的蚊子是雌蚊。雌蚊只有吸血以后，才能使其胚胎正常发育，繁殖后代。为此，有人就在驱蚊器内加入高科技芯片，通过模仿蜻蜓飞行中翅膀抖动的声音，让蚊子的"耳朵"在接收到这种声波以后，不敢靠近人体，达到驱蚊的作用。

令害虫恐惧的声音

鳞翅目里的夜蛾是一类危害农作物最严重的蛾子。它们有一个特点，就是夜间见到光就会飞扑。有些种类的夜蛾，其胸部和腹部之间的凹处有鼓膜，鼓膜里面有充气的鼓膜腔，有 2 个听觉细胞连接鼓膜，听觉十分敏感。夜蛾在离天敌蝙蝠 30 米的地方就能听到蝙蝠发射的超声波声音，于是便迅速地逃之夭夭。

基于这个原理，科学家就模仿蝙蝠的声音来达到驱虫的目的。他们设计出一种仪器能够发射频率 21 千赫的"假蝙蝠"声波。夜蛾、象鼻虫等害虫一听到这种超声波的声音，便会慌忙地逃避，这样就使棉花田不受害虫的侵害。此外，科学家还模仿夜蛾灵敏的耳朵结构，设计出宇宙飞船及特工用的窃听器和雷达测试仪。

蝼蛄"相会"

蝼蛄是一种农田的地下害虫。它有一对粗短、奇特的前足，胫节上还长有4个明显的耙状利齿，这样它便可以运用铲子状的足在地下土壤中又铲又耙，穿行自如，挖洞安家。因而，蝼蛄会破坏植物的生长。此外，它又有一副利牙锐齿，庄稼的根、茎它都能吃，大豆、麦类、玉米、高粱、烟草、棉花、蔬菜等都是它的美味食物。所以，它是农田里的大害虫。

蝼蛄的雄虫也会像蟋蟀那样振动双翅来发声。它的鸣声是一种从地下传出的沉闷的"咕咕"响声，虽然声音并不悦耳，却能令雌蝼蛄陶醉。雌蝼蛄能用它的耳朵敏感地收集到雄蝼蛄的求爱语声，于是就身不由己地前去和"情郎"相会。

有人把蝼蛄求爱的声音用录音机录下来，制成专用仿声磁带，并根据蝼蛄善爬的特点，设计制作了一个平锥形诱捕器，还在诱捕器上安置了一个喇叭，表面涂上黏胶。到了夜晚，把诱捕器放到田里，打开录音机，播送这种声音。不久便会有许多雌性蝼蛄前来相会，一旦爬在诱捕器上，就会被黏胶粘住。利用昆虫灵敏的听力来治理害虫，不失为一种实用的好方法。

诱蚁出巢

当我们欢天喜地地买了新房子，又不惜花费精力和财力装修，谁料到新房还没有住多久，却被那些捷足先登的木料蛀虫抢先占领了。在这

些蛀虫中，白蚁可以算得上是罪魁祸首。白蚁防治一直成为专家关心的问题，因为白蚁不仅破坏房屋，而且还蛀蚀火车轨道的枕木、桥梁、江河大堤以及通信电缆等，危害极大。

消灭白蚁要从了解它的习性入手。白蚁是一种过着群居生活的昆虫。当它们的蚁巢受到局部破坏时，受惊的工蚁便会马上跑到巢心去，几分钟后破口处就会涌现出大量的兵蚁和工蚁。它们传递信息相当迅速，工蚁和兵蚁身体前部会迅速而激烈地振动，并用上颚连续撞击地面而发出声音，形成一片"沙……沙"的声音，这种声音大到连巢外也能清楚地听到。

我国的白蚁科学工作者就模仿这种"沙沙"之声，研制成 BS-I 型白蚁声频探测仪，成功地应用到探测蚁巢的工作中去。这种探测仪制造出"沙沙"声的假信息，令白蚁倾巢而出，从而达到了挖巢灭蚁的目的。

向蚊子学"打针"

打针，不单是小孩害怕的事情，即使是成人也会难忍注射的疼痛。近年来，日本科学家注意到蚊子口器的特殊构造，通过仿生技术，开发出一种无痛的微型针头，以减少人们打针时的痛苦。

当你被蚊子叮咬感觉痒的时候，蚊子可能早已吸过血了。科学家已注意到了蚊子"先叮后疼"的时间差。原来蚊子细长的食管上有许多十分微小的锯齿状突起，当蚊子像针一样的口器刺入人的皮肤以后，这些凹凸不平的突起与皮肤组织的接触面积不大，不会强烈刺激人的神经系统，因而可以减少人体疼痛感，甚至丝毫感觉不到痛。而我们打针用的针头是个尖尖圆圆、光洁的金属表面，一插入人体皮肤以后，与皮肤接触面积就大，以致强烈刺激人体痛感神经细胞，使人感觉到疼痛不已。

"茸毛"与气体测量仪

除了向昆虫的嘴巴"学习"，科学家发现苍蝇腿上的茸毛也挺有"学问"。瞧！苍蝇的腿上密密麻麻地布满了茸毛，这是苍蝇的感觉茸毛。这些毛只要与化学物质一接触，便能产生一种神经信号，致使苍蝇马上对所接触的物质进行快速分析。人们便模仿苍蝇这种感觉毛与所接触的物质所产生的化学反应，把它转变成电脉冲的方式，仿制成轻巧灵敏的小型气体测量仪。这种仪器也可以装置在宇宙飞船座舱、潜水艇或矿井里，用来测量有毒气体，并且发出警报。

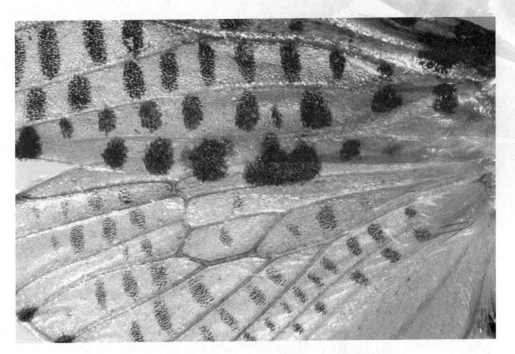

五、昆虫翅膀的贡献

过数百万年的进化，昆虫的翅膀已经演变成为一种奇妙的飞行装置。而人类发明飞机的时间却只有短短的100多年，因而对昆虫翅膀的仿生学研究成了非常重要的课题。

蜻蜓翅痣

远在古代，人们就曾梦想，人要是像鸟儿、蜻蜓那样，在蔚蓝天空中自由翱翔，那该多好呀！后来，第一架飞机终于诞生了，人们模仿蜻蜓的翅膀，制造出了双翼飞机。

然而好事多磨，很多飞机都在空中发生翻身、坠落。这究竟是怎么回事呢？原来，飞机的机翼在飞行中会产生有害的振动，如果速度较快，这种振动往往就会折断机翼，招致机毁人亡，这真是一件使人烦恼的事情。

蜻蜓通过翅膀振动，可在很小的推力下翱翔，不但可以向前飞行，还能向后和左右两侧飞行，其向前飞行速度可达 72 千米／小时。那么，

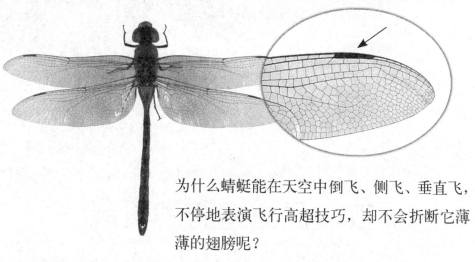

为什么蜻蜓能在天空中倒飞、侧飞、垂直飞，不停地表演飞行高超技巧，却不会折断它薄薄的翅膀呢？

经过仔细观察、试验，科学家终于明白了蜻蜓翅膀不会折断的秘密。这是由于翅膀上密布着网状的翅脉，能承受巨大的气流、压力。除此之外，蜻蜓的翅膀前缘上面都有一块深色的角质加厚部分——翅痣，能起到防震颤、保护翅膀的重要作用，并能使蜻蜓的身体在飞行中保持平衡。于是，设计师为了使飞机减少颤动，加快飞行速度，在机翼前缘加上了平衡重锤防振装置，终于克服了空气动力学上的震颤现象。科学家还注意到蜻

蜓仅靠两对翅膀不停地拍打就能自如地飞行，仿照它这种独特的飞行的方式，又研制成功了直升机。

接着人们又模仿蜻蜓翅痣的功能，使飞机在高速飞行中也能减少震颤，保持平衡，提高安全性，于是超音速飞机出现了。直升机能在空中停留和倒飞，也是仿效蜻蜓和蚊子的飞行。现在，一种最新式的隐形飞机又出现了，其隐形原理是借鉴了昆虫翅膀的特点、体色的变化、"鳞片"的折光以及吸收雷达波的功能而制成的。

蝶翅散热的启示

蝴蝶大都长有两对美丽的翅膀，那是因为蝴蝶"鳞片"表面的细微构造受到光照时，会引起折射、反射，进而产生不同的金属光泽和千变万化的彩虹色。蝴蝶翅上和身上的"鳞片"，不仅是一件漂亮的外衣，还有调节蝴蝶体温的作用。当阳光直射、气温升高时，蝴蝶感到身体很热，便会使"鳞片"张开，改变阳光的辐射角度以减少对阳光热能的吸收，使身体散热。在早春或晚秋季节，蝴蝶感到冷时，会将"鳞片"紧贴体表，让阳光直射到"鳞片"上，扩大吸收阳光的面积达到取暖目的，使体温得到平衡。

遨游在太空的人造地球卫星，当进入向阳轨道时，卫星表面温度会高达2000℃左右，而遨游在背阳轨道时，卫星表面温度会低到零下200℃左右，这样的温差，容易使卫星内的精密仪器受到极大影响，甚至造成损坏。为此，航天科研人员从蝴蝶"鳞片"的散热和取暖的功能中受到启迪，发明了一种"百叶窗"的装置：每扇叶片的正反两面都具有不同功能的辐射和散热功能，转动部位装有一种对温度极为敏感的金属丝，利用金属丝的热胀冷缩物理性质，随温度变化，可以调节窗的开与合，从而解决了人造卫星在太空中因向阳和背阳、温度骤然升降的"温控"重大技术难关。

温控对电脑芯片也很重要。由于电脑芯片运行量大，所以散热性能就显得很重要。蝴蝶翅膀的绝妙散热性能或许可为研究者提供一些思路：开发一种在长时间工作中能保持恒温的电脑芯片，使电脑芯片持续均匀散热，并推广应用到其他半导体无线电高科技领域中去。

防伪币技术的灵感

防伪币和蝴蝶"鳞片"似乎风马牛不相及。然而，仿生科学已经把它们联系在一起了。

科学家在研究一种名叫大凤蝶的蝴蝶翅膀时，就注意到它的翅膀"鳞片"上的色彩有黄、蓝两种颜色，可是当光线照射到大凤蝶的翅膀上时，却闪烁着璀璨的绿色光芒。这是为什么呢？研究者在显微镜下观察研究，

蝴蝶生长的各个阶段

发现蝴蝶翅膀上"鳞片"的排列是很有序的，上面还出现了星罗棋布的下凹小坑，这些小坑大约只有 0.004 毫米那么小，坑底是黄色的，而坑的斜坡是蓝色的。

科学家如此解释大凤蝶呈绿光的原因：当大凤蝶沐浴在灿烂的阳光下，光线照射到坑底时，会反射出黄光；照射到小坑的一侧斜坡上，会反射出蓝光；而反射出来的蓝光又折射到另一斜坡上，再次被反射出来的仍是蓝光。由于小坑实在太小了，人眼无法把从坑底反射的黄色光与从斜坡上经过两次反射的蓝光区别开来，因而，看到的是黄光和蓝光叠加起来的绿光。

当我们在赞美蝴蝶妩媚姿态和神奇色彩时，防伪币专家却由此找到了灵感：蝴蝶"鳞片"光线的反射和折射可以为研制防伪纸币所用。这条仿生思路一经打开，专家就仿照大凤蝶翅膀"鳞片"的结构，在纸币或信用卡的表面制作上也设计了许多细密的小坑。这样，即使伪造者在制作假币时将其图案印制得几乎以假乱真，也无法将这些密布的凹坑制作得与真币一样。人们只要用专门的光学设备一照，伪币便原形毕露了。

蝴蝶的伪装与野战服

枯叶蝶以它的体色、斑纹及姿态来模拟枯黄的阔树叶而得名。当它在空中飞翔时，一被鸟类发现，便会赶紧找到适合的停栖场所，并迅速地施展它的"隐身术"，将身体紧贴在树枝上，双翅合拢竖起。那枯黄色的翅面极似枯叶上的叶脉，看上去活脱脱的是一片枯叶挂在枝条上。这种拟态和隐蔽的技巧，使它逃过了无数次的危难，这种主要以颜色来蒙蔽敌方的方法称为保护色。人们也学会了这种"隐身术"，用人造保护色的"伪装"把自己隐蔽起来。军队士兵的服装，尤其是野战军身着那种鲜艳斑驳、带有条纹的绿色军服，就能起到迷惑敌方的视觉效果。

有关蝴蝶色彩的伪装，还有着一段神奇的真实故事呢！上世纪第二次世界大战期间，德国纳粹军队包围了苏联的列宁格勒，企图用轰炸机摧毁那里的军事防御设施。当时的昆虫学家就模仿蝴蝶在花丛中易混淆的色彩，在军事设施上覆盖模仿萤光翼凤

蝶、褐脉金斑蝶等色彩的防御材料，材料上的花纹在阳光下时而金黄、时而翠绿或紫蓝，变幻缭眼的色彩伪装，使德军无法准确地判断攻击目标，大大降低了列宁格勒军事基地被攻击的概率，为赢得最后胜利立下了功劳。

模仿昆虫的飞机

美国科学家发现了食蚜蝇的飞行才能：它们既能悬停在空中，也能往前冲到空中的某个点，又刹那间分毫不差地冲回原来盘旋的地方。据报道，英国科学家已按照食蚜蝇的飞行模式，研制出一种长 15.24 厘米、宽 2.54 厘米，能在空中盘旋的微型侦察机。这种侦察机机翼可以折起，便于携带，展开时宽 30.48 厘米。

机翼是按照食蚜蝇的翅膀比例制造的，机身仅重 100 克，每分钟振动 200 次，最高时速 11 千米，能在空中盘旋和急转弯。还运用导弹技术使小型侦察机能自动导航，侦察机上配备有两部微型摄像机，把影

知识链接

食蚜蝇

食蚜蝇是有名的益虫，常在鸡毛菜、卷心菜等十字花科植物的花丛中盘旋。它的幼虫捕食蚜虫，每只幼虫能捕食 1000 多只蚜虫，堪称蔬菜、果园、绿化的卫士。食蚜蝇的外形极像蜜蜂，头大，腹部上有黄、黑相间的斑纹，体长约 12 毫米，翅展宽约 25 毫米。有趣的是，它的腹部虽无螫针，但常将腹部末端向下方点动几下，模拟蜜蜂螫刺的动作，以此吓唬对方，保护自己。

像记录在计算机芯片上，每次可执行长达半小时的侦察任务。这种微型侦察机主要用在军事侦察任务上，探测前线方圆数千米的敌军建筑物。

长尾大蚕蛾是个稳健而优雅的飞行家。这种昆虫的翅膀大而宽，前、后翅由一个微小的"搭钩"连接起来，因而无论在侧飞或滑翔时，它都显得潇洒、平稳和安全。

英国的仿生学家被这种貌不惊人的昆虫迷住了。他们在实验室里观察和研究它的飞行姿态和速度，以便有朝一日研制出一种微型昆虫飞机。

蜜蜂独特的降落动作

2004 年，英格兰西南部巴斯大学的教授从蜜蜂飞行的研究中获得灵感，借以解决微型飞机研制中的空气动力学问题，制造一架长 15 厘米、重约 50 克、能持续飞行一小时的超迷你型侦察机。研究者还设想在微型化方面再下一番功夫，让这种侦察机进一步向蜜蜂靠拢，将飞机长度缩至 3～4 厘米。

蜜蜂降落时的动作，也大有学问。澳大利亚国立大学的一个科学小组在对 6 只蜜蜂观察研究 100 多次后认为：蜜蜂降落时，随着飞行高度的下降，飞行速度会逐渐减慢，两者有一个完美的比例，正因为如此才能保证蜜蜂安全、自然的降落。英国苏塞克斯大学的科学家通过观察提出：一旦飞行动作突然停止，蜜蜂立即轻盈地停歇在鲜花或蜂巢上。

根据蜜蜂独特的降落方式，科学家正设想研制一种由计算机控制的飞机导航降落装置，为微型飞机器、无人侦察机的安全着陆提供保障。

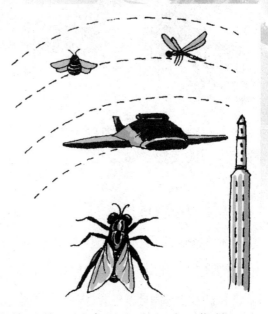

苍蝇与振动陀螺仪

苍蝇的后翅退化成一个哑铃状的骨片，昆虫学上称之为平衡棒。当苍蝇飞行时，平衡棒就以 330 次 / 秒的频率振动着，产生不断地旋转的陀螺效应。当苍蝇在飞行中偏离航向时，平衡棒便会产生扭转振动，可以调节翅膀的运动方向使苍蝇在飞行中保持平衡，不偏离航向。根据这个原理，人们研制成功了振动陀螺仪。目前这种导航仪器已应用于高速飞行的火箭和飞机上。装备有这种仪器的飞机，能自动停止危险的"滚翻"飞行，强烈倾斜时，也能自动得以平衡，使飞机保持稳定，并且在飞机急速转弯时也能万无一失。在航海、军事等领域，陀螺仪也得到广泛的应用。

蝗虫防撞本领

飞蝗是蝗虫的一个种类，喜欢成群结队迁飞。为了生存，飞蝗能作长距离的飞行搬迁。在历史上，曾有非洲的蝗群经孟加拉国向土耳其飞行，途中部分迷途的蝗虫竟然还能飞到英国的记载。

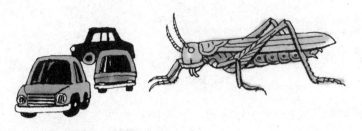

欧美科学家最近在对蝗虫头部的一个大神经元进行研究的实验中发现，当蝗虫面临要与其他物体相撞时，这个神经元即刻就会迸发出巨大的能量，从而促使蝗虫做出反应，逃避危险，这中间的反应过程只需极短的45微秒。

英国科学家也从蝗虫的迁飞中观察到，尽管它们的虫口密度达每平方千米8000万只，密密层层，仿佛乌云一片，但它们之间却从未发生相撞的现象。因此，科学家认为蝗虫具有天生的避免碰撞技能。受此启发，瑞典和西班牙等国家的工程师们正准备模仿蝗虫的这种绝妙技能，开发、设计汽车的防撞系统控制的刹车装置，以减少撞车事故，为行车者的安全带来福音。

六、奇妙的足与腹

昆虫的足和腹，有什么奇妙？看看蟑螂的快速行走本领和跳蚤的弹跳特技，就足以令我们人类惊羡不已。

螳螂臂与锯子

螳螂是大家所熟悉的昆虫。它的长相很特别：三角脸，大眼睛，头小颈细，全身嫩绿。别看它不声不响，却力大惊人。它那锋利的前足能捕捉昆虫与小鸟呢！这对镰刀状的"双手"，臂内有一排锐利的巨

刺，平时常隐蔽在树阴、草丛之中，竖起的前足举在胸前，等待着害虫自投罗网。一发现猎物，它就凶相毕露，以迅雷不及掩耳的速度，伸展它那带着锐利的锯齿状巨臂，将害虫紧紧夹住，然后送到大颚去细细品尝。人们从螳螂那尖锐锯齿的前臂中感受到它的威力，并从中受到启发，创造出了锯子这个至今仍在使用的工具。

螳螂和六足机器人

螳螂之所以难以对付，并能悠闲自在地生存至今，主要是因为它练就了一种"闻风而动"的逃脱特技。螳螂为什么会逃得如此快呢？原来，螳螂腿部的肌肉反应也同它的触角一样特别灵敏，哪怕对最轻微的空气振动，它也能在千分之一秒的时间内做出反应，拔腿就跑。

科学家已从对螳螂神经系统的研究中了解了螳螂的快速行走特技。这个系统是从螳螂尾部的一对尾须开始的。螳螂的尾须样子像只木螺钉，每根尾须上约有220根须毛。尾须是一个极灵敏的风力传感器，既能测知地面和空气的微弱震颤，又能在千分之一秒的时间内做出反应。当人们拍击螳螂时，举手落下的瞬间，空气的抖动便能促使它的须毛产生很微小的变形，从而使须毛根部的传感神经通过中间神经元传给螳螂腿部的运动神经。这样，螳螂腿

尾须

六足机器人

部肌肉一收缩，便可以拔腿飞跑了。

科学家经过观察，发现从人类到蟑螂的许多生物，其行走方式大都相同。人和昆虫用双足或多足交替行走具有明显的优势，可以灵活地操纵自我能力，当跑过复杂地形时，会对遇到的干扰进行自我调节，这比用轮子来滚动行走要有利得多。为此，仿蟑螂 6 条腿灵活行走的机器人应运而生。六足机器人不但可以跨越障碍，而且行动快速，每秒可以行走 3 米。六足机器人适合从事搜寻、援救等任务，遇到危险、灾难事件发生时，派六足机器人快速到达目标地，可及时了解和处理危急情况。

蟑螂这种快速行走的特点已为军事科学家看好。他们将纳米技术和计算机芯片技术结合，让蟑螂成为从事高科技研究的宠儿。眼下，日本科学家已经从事开发利用蟑螂的研究工作。他们让身负微型摄像机的蟑螂去战区工作，并用遥控指挥棒指挥，使蟑螂神出鬼没地出入在对方军事、政治敏感地区，在人们眼皮底下堂而皇之地搜集、传递情报，做个不为对方防备和怀疑的"间谍"，出色完成那些风险极大、难度极高的"间谍"任务。

与跳蚤比美的人造肌肉

跳得更高、跳得更远，是很多人的愿望。不过，和昆虫界著名的"跳跃名将"跳蚤相比，人类似乎还相形见绌。跳蚤只要轻松一跃，能跳 20 多厘米高，超过自身高度的 100 倍；还能跳 50 厘米远，超过身长的 200 倍。若按其个体与跳跃距离的比例来计算，如果跳蚤像人那样高大，它跳跃的高度竟可达 150 米以上，这是无论哪位优秀的跳高选手都无法企及的。体育专家认为，跳蚤的弹跳能力堪称一绝，对它的研究可能给跳跃运动带来重大突破。航空专家则直截了当地指出，跳蚤的跳跃方式可能是研制新型飞行器时可模仿的极佳模式。受此启迪，英国研制成功了垂直起

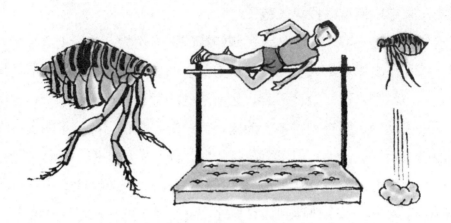

落的鹞式飞机。

　　跳蚤在起跳时如离膛的子弹，嗖地一下就消失了。科学家用高速摄像机拍摄跳蚤跳跃，发现其外骨骼和肌肉有着适于跳跃的独特结构。跳蚤的"骨骼"与众不同。它的骨架是由柔软无色的几丁质构成的，外面包着一层褐色的膜。

　　跳蚤共有 6 条腿，特别是后面的两条腿粗壮有力，靠近身体那一部分肌肉很发达。专家们认为，仅靠这部分肌肉所产生的能量进行跳跃是远远不够的，它只能产生跳跃所需能量的 1/10。

　　原来，跳蚤的祖先是一种有翅会飞行的昆虫，在经过几百万年的进化之后，翅膀退化、消失了，同时形成了跳蚤腿部肌肉中的胶状蛋白质，这种物质称为"莱西林"。胶状蛋白莱西林就像螺旋弹簧一样，能收缩

64

知识链接

惊人的跳跃本领

　　跳蚤的身长仅有 0.5～3 毫米，体重约 200 毫克。可它却有令人惊异的跳跃本领。跳蚤每 4 秒钟跳一次，可连续跳跃 78 小时。垂直起跳所需的爆发力竟是地球引力的 140 倍，也就是跳蚤自身所受重力的 140 倍。跳蚤的这种速度简直可以与宇宙飞船的飞行速度比高低。

和伸长。当需要跳跃时，后腿肌肉就会绷紧，胶状蛋白一收缩就会产生巨大的爆发力，使跳蚤像离弦之箭一样被弹射出去。

此外，跳蚤后腿在翅膀基部的关节处，有一个弹性垫子和两个握弹器，它们对跳蚤的弹跳力也起了关键的作用。当跳蚤后足抬起时，弹性垫子受到压抑，两个握弹器便受到约束，一旦肌肉收缩，握弹器便放松，受压抑的弹性垫子便能放出能量，致使转节往下转动，转节一击地面，便产生了强大的反冲力，使跳蚤高高跃起。

科学家已注意到昆虫肌肉是一个高效率的发动机。专家们已通过物理、化学分析得知有一种胶原蛋白化合物与昆虫具有弹性的肌肉纤维相似，也具有收缩、松弛的弹簧功能，于是一种用聚丙烯酸制成的"人造肌肉"已经问世，用它制作的仿生翅膀为未来的微型飞机诞生创造了条件。

蝉的天籁声和超高频无线电波

蝉的天籁鸣声已引起无线电专家的瞩目。我国的蝉已知有200多种。它们高高地栖息在茂密树冠中，炎日当午，高歌不歇，或风晨月夕，婉转浅唱，或秋凉露冷，凄切低吟，令人遐思无限。

蝉儿何以有那美妙的天籁歌喉？翻看蝉的腹面，可以看到蝉的腹部下面有一对半圆形的东西，名叫音箱盖。里面有鼓膜、发音肌、褶膜和镜膜，并有一个共鸣室。蝉发声时，先收缩发音肌，使富有弹性的鼓膜尽量往里拉；发音肌随后迅速松

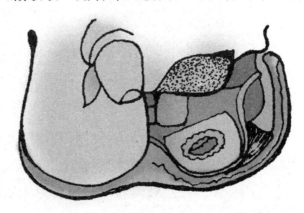

弛，鼓膜便恢复原状。鼓膜的反复凹凸便产生"咯、咯"声，就像人用手指不停地捏压空铁皮罐头所发出来的声音。声波传到褶膜和镜膜，通过发音肌的收缩快、慢，音节就会有短、长现象出现。发音肌收缩的强度大，声音就响；收缩的强度小，声音就低。再与空气一起通过腹部的共鸣室，使音响不断地升高、增大，以至于出现洪亮的声响。这时候，音箱盖也会随之振动，起到吹笛捏眼的妙效，于是抑扬顿挫、高昂有力的旋律便奇迹般地产生了，使蝉能在树枝上"引吭高歌，音传数里远"。

20 世纪 70 年代，我国工程师模仿黑蚱蝉的鸣叫之声，研制出超高频无线电喇叭，让海外华侨也能听到祖国首都北京发出的声波。

步甲虫和二元化武器

身披盔甲的步甲虫大多数是益虫，它们以小昆虫、蚯蚓等动物为食，对农作物并不喜欢。它们平时生活在草丛中、土块下、乱石缝，以肛门排出难闻臭味的气体来捕获猎物，所以又称放屁虫。

有一种叫气步甲的昆虫，一碰到危险，就会放出一股难闻的气味。气步甲身体内藏有两个腺体：一个产生对苯二酚，另一个产生过氧化氢。平时这两种物质分别储藏在气步甲身体内不同的地方，一旦遭到侵犯，

气步甲便会猛然收缩肌肉，使这两种物质相遇。它们在酶的催化下便会发生猛烈的化学反应，生成一种新物质叫做醌和水，并在肌肉的压力下，急速地喷出体外。来犯者受到这种突如其来的打击，往往措手不及，气步甲便乘机迅速地逃跑。

我们知道，高浓度的过氧化氢很难保存，它极易分解并易发生爆炸，而气步甲身体内虽有这种"危险品"却能安然无恙。在第二次世界大战期间，美国军事专家受步甲虫喷射原理的启发，研制成先进的二元化武器。这种武器把两种或多种能产生毒剂的化学物质，分装在两个隔开的容器中，并将它们装在炮弹里。当炮弹发射后，隔层就会破裂，两种毒剂中间体在弹体飞行过程中混合并发生化学反应，在到达目标的瞬间，合成了致命的毒剂以杀伤敌人。二元化武器，在生产、储存、运输、杀敌效果上都显示出优越性，成为战胜纳粹德军的重要军事武器。

七、昆虫仿生的前景

了解昆虫，是为了向昆虫学习，为人类服务。科学家预见，昆虫仿生的前景无限美好，是我们进行科学发明和创造取之不尽的源泉。

仿生冷光源

"萤火虫，提灯笼，飞到西，飞到东，好像流星散天空，好像盏盏小灯笼。"在夏、秋的夜晚，我们在野外常可以见到那一盏盏发绿光的小灯笼在空中飞舞着。这流动的荧光常常给人们带来无尽的诗意，让我们在童年的生活中产生像"谜"一样美丽的想象。

萤火虫怎么会发光呢？原来，萤火虫腹部尾端有两种基本物质：一种叫荧光素，这是一种发光物质，易被氧化且耐高温；另一种物质叫荧光素酶，它不耐热，具有蛋白质性质，是一种催化剂。当萤火虫呼吸时，氧气通过微气管，在荧光素酶的作用下，与荧光素化合，便发出光亮。由于氧气的输出有多有少，氧化反应就有强有弱，因而萤火虫发出的光有明有暗，在夜空中看上去就像是一闪一闪的。

随着现代科学的发展，科学家将人工仿制萤火虫的发光物质，应用到航天、医学、矿井等不少领域造福人类，并带动高科技的荧光事业，为人类提供一种新的光源。

萤火虫发出的荧光是一种"冷光"，热度只有四十万分之一摄氏度，而且发光效率极高。我们常用的钨丝灯泡，它的发光效率只有2%左右，其余作红外线热散发了，而作为荧光的"冷光"，几乎能将化学能百分之百地转变为可见光。

在矿井作业上，科学家用提取的荧光素和荧光酶来人工合成冷光。一只白炽灯所产生的辐射热能高达95%以上，而萤火虫发光所产生的热能仅仅只有10%，这就为充分利用冷光源开辟了道路。如在含有容易爆炸的瓦斯矿井中做照明灯；在弹药库中用作指示灯；由于冷光不会产生磁场，它又可用作水下作业的发光灯，用来清除水雷的照明灯。

在医学上，科学家尝试把发光细胞从萤火虫身上提出，再与癌细胞一起结合，然后测量癌细胞内所显示的光亮程度强、弱，便可知道癌细胞生长的进度以及它们的活跃情况。

在工业上，可利用从萤火虫身上提取的发光细胞探测金属的污染程度，分析过滤金属元素。又可以将发光细胞放入受到有机生物污染的水中，从它的发光程度测出水中微生物的活动情况，从而鉴定水的污染程度。

荧光还可以广泛用于街道、手术室、实验室等场所，也可用来制造夜光手表、夜光仪表、夜光路标、夜光商标和夜光广告等。应用冷光不但能节省电力，而且还能节省大量的输电和发电设备，既安全可靠，光线也柔和安静，不会影响视力，是一种有广阔前途的新光源。萤火虫发出的冷光正给科学家以新的有实用价值的启示。

仿生医学

如果被蜜蜂或马蜂刺了一下，那疼痛的滋味可不太好受。尤其是马蜂，被它刺了以后，蜂毒会使皮肤立即红肿浮起，严重的还须请医生治疗。

有媒体报道：德国的病毒学家威尔那发现了艾滋病病毒的化学结构

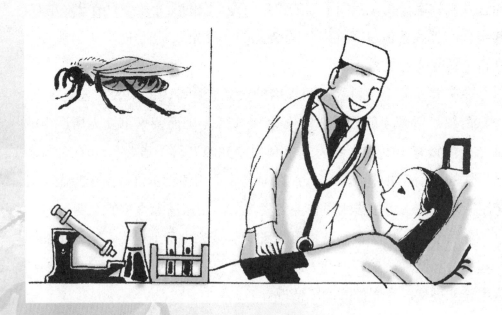

与蜂毒的化学结构十分相似，于是他想到了"以毒攻毒"来对付艾滋病病毒的一种新方法。艾滋病和癌症一样，是人类医学上难以攻克的疾病之一。原来艾滋病患者体内有一种艾滋病病毒促进剂，它是沟通基因转录过程的一种物质。威尔那的试验表明：蜂毒可以有效破坏这种促进剂，促使制造携带病毒信息的蛋白质无法生存，病毒也就无法繁殖扩散了。威尔那还宣称：蜂毒可减少 70% 的基因转录，使病毒的产生减少 90%。而蜂毒的优势是直接从内部抑制艾滋病病毒产生。为此，他准备利用蜂毒和其他药物一起合力来防治艾滋病。

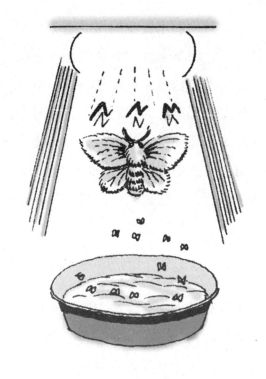

蝴蝶和飞蛾的幼体常被称作"毛毛虫"，毛毛虫长大了以后，会变成一动不动的蛹，最后从蛹里"破茧而出"。昆虫的生长发育与它身体内一种内分泌的物质有关，这种物质就叫激素。

激素在人类、植物、动物的身体中都有。它由细胞所分泌，是一类能调节控制各种新陈代谢和生理的化学物质。简单地说，昆虫激素有保幼激素、蜕皮激素和滞育激素。保幼激素能抑制成虫特征的发生，保持幼虫的构造，由脑分泌的脑激素来调节长在头上的咽侧体器官，促进保幼激素的合成与释放。蜕皮激素能维持昆虫在生长发育中的蜕皮过程，也由脑激素来调节。滞育激素能使昆虫处于不吃不动状态，以帮助昆虫过冬等的需要，滞育激素由口器食道下神经节控制。

昆虫相互间能进行通信、交流的化学物质，叫信息素，主要由性信息素、警告信息素、聚集信息素和追踪信息素等多种信息素组成。性信息素即雌、雄虫相互吸引、联系的化学物质。警告信息素即遇到外方侵犯时，向对方或同伴发出警告或警报的化学物质。

昆虫的激素与信息素在近来的科学研究中发挥了不少作用。据报道，科学家已提取滞育激素，肥胖症患者在注射后，只要"冬眠"一段时间，就可达到减肥瘦身的效果。滞育激素还可以用来控制癌症病人的肿块扩散，使病人在"冬眠"状态中降低新陈代谢，增加免疫力，抵抗得住强辐射。

此外，利用昆虫的保幼激素仿制化妆品和保健品，就可以实现"今年二十，明年十八"的梦想，使人们活得年轻漂亮，延年益寿。

昆虫性信息素已在 20 世纪 70 ～ 80 年代治理害虫中充分显示作用。科学家利用昆虫性信息素干扰雌雄交配行为，使雄虫丧失寻找雌虫的定向能力，交配率大为降低，从而使下一代虫口数量骤然减少，尤其在诱杀飞蛾害虫中起到了较好的效果。采用这种技术，既无农药残毒，不污染环境，又不伤害天敌，被誉为新一代的"环保型农药"。

仿生建筑

有些昆虫都会建造出适合它们居住的建筑。这些"昆虫建筑"有的能节约材料，有的居住在里面很舒适。为此，科学家也正在努力研究，模仿它们建造出了仿生建筑。

蜂窝建筑

蜜蜂窝，又称蜂巢，是蜜蜂栖息、繁殖、生活、越冬和其他活动的场所。蜂窝奇特的六角形结构，是蜜蜂经过长期适应自然环境、适应生存条件而形成的。它引起了科学家的浓厚兴趣，给他们以数量和空间的启发，也带来了实际应用。

蜜蜂的蜂窝是由许多六角形柱状体按照严格的顺序配置起来的。1000多年前的数学家就在理论上证明了蜂巢六角形的优越性，18世纪的法国学者马拉尔琪也为蜂巢写过数学论文。在蜂窝里，六角形的小窝房排列十分紧密，这种几何图形使蜂窝十分牢固，即使其中几个窝房受到损害，整个蜂巢依然保持良好，不会倒塌。

科学家从蜂窝的结构中受到启发，专门研制出了一种"蜂窝夹层结构"材料。这种材料能承受各种载荷，重量轻，刚性好，外形平滑，已广泛应用于高速飞机、火箭、导弹、军舰、轮船和地铁屏蔽门框、新型纸蜂窝墙板等各个方面的创新产物上。它既节约材料，又能减轻重量，增强承受周围空间压力的性能，达到价廉物美的效果。

几何学里有一条定理：当圆柱体的高度和直径相等的时候，表面积最小。蜜蜂窝的六角形柱状体是一种最经济的形状，在其他条件相同的情况下，这种形状的窝房具有最大的容量和最小的表面积，因而所需的材料最小。蜂窝构造的这种特点与数学原理"不谋而合"，足以给人们在设计产品乃至住房等方面的启示，以增大空间、容积节约材料。

会呼吸的大楼

白蚁喜欢在气候温暖的环境里生活。澳大利亚西部的罗盘白蚁不论白天还是晚上，冬天或是夏天，始终将它们巢穴内的温度维持在

30℃～32℃。

对人类而言，只有空调系统才能这样精确地控制温度。但是，空调要消耗大量的能源，而且长期使用空调对人体健康不利。有没有更好的办法代替现有的空调系统呢？科学家从白蚁那里得到启示，参照蚁巢结构设计的新式建筑，不但不用空调，节省了大量能源，而且更有益于健康，更舒适。

新式建筑的奥秘在哪里呢？首先让我们看看蚁巢的构造。原来，白蚁是通过控制蚁穴的气流来调节巢穴内温度的。蚁穴建在地下，上面用泥土筑起3米高的塔，塔内有连接地下洞穴与外界的通气道。塔呈楔形，四周有大面积的平面，用来最大限度地吸收上下午的阳光热量，而塔顶部的表面积较小，可减少吸收正午强烈的阳光热量。

当塔变热时，塔内的空气就上升，热空气被排出，抽入新鲜空气；当风吹过塔顶时，气流被吸到蚁巢内，使蚁巢变得凉爽。科学家把这种现象称为"烟囱效应"。

英国建造的"会呼吸的大楼"就是根据"烟囱效应"设计的。这些大楼高3至4层，每幢大楼的角上都有一个17米高的圆柱形玻璃塔，塔内装有主楼梯，可以采集阳光和风，产生"烟囱效应"。为了更好地控制气流，调节整幢大楼的温度，塔的顶部可利用液压方法升起或下降。当有暴风雨时，大楼的电脑控制系统会将屋顶关闭，以防雨水流入；在夏季夜里，它会启动格栅内的风扇，将清凉的空气扇入办公室。

为了减小夏季高温的影响，设计人员在混凝土楼板中加通气管，白天楼板吸收热量，夜晚再把热量散发出来，这样就能把室内温度高峰时段从下午2点推迟到6点，那时，大多数人已离开办公室了。

仿生信息学

科学家对蚂蚁传达信息的习性十分感兴趣，因为蚂蚁的行为对昆虫侦探、数学计算、交通科学等都有着启示的作用。

蚂蚁的社会

蚂蚁与白蚁、蜜蜂一样，拥有自己的虫群"部落"，是典型的社会型昆虫。蚂蚁的群体是由雄蚁、蚁后、工蚁和兵蚁组成，分工很明确：雄蚁，它的职责就是跟蚁后谈情说爱、交配、受精；蚁后的任务是繁殖后代；工蚁个体最小，也最辛苦，蚁群里的筑巢、修路，采集食料、哺育幼蚁、喂饲雄蚁和蚁后等所有一切维持整个蚁群的生活琐事都由它们担当；兵蚁则负责保卫蚁巢，对付外来入侵者。

蚂蚁的蚁巢要比蜂巢复杂得多，既有蚁后所居住的"王室"，又有储藏食物的仓库；房间很多，房与房之间还有四通八达的道路。它们还会饲养"奶牛"——蚜虫。原来，蚜虫的排泄物黏糊糊的，味道却像甘蔗汁那样香甜，昆虫学上称为"蜜露"。蚂蚁最喜欢吸食这种"蜜露"，于是就把蚜虫捉进蚁巢里，饲养它。要吃蚜虫的粪汁时，蚂蚁就用触角不停地轻轻敲打蚜虫的肚子。蚜虫受到惊吓，便

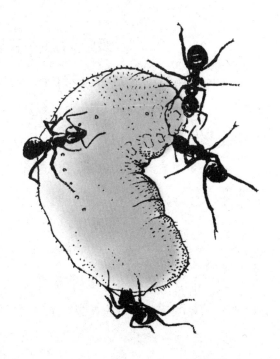

翘起肚子,从肛门中排出一滴黏液。蚂蚁便用嘴接住。如此吸食"蜜露",是不是很奇特!

在一个拥有成千上万个成员的庞大蚁群里,每个工蚁之间分工又有不同,有搞侦察的,搞运输的,搞通讯的,搞安全的……它们在进行采食、筑巢、喂饲幼蚁等活动中,每一项活动都进行得十分协调一致,有条不紊。把一个蚂蚁群和谐的社会表现得井井有条,靠的是什么呢?昆虫学家发现这与它们分泌的多种激素有关。

蚂蚁之间见面时会用触角互相碰撞、敲打,这些动作就是它们传递信息的一种方式。当工蚁在路上发现食物时,便有工蚁往巢穴报信,用敲打触角来传递"发现食物"的信息素,同时又会在路上洒下一条"气味走廊",分泌出"示踪信息素"。其他蚂蚁凭触角闻到这些特殊气味,按照前面工蚁所指示的路线前进。蚂蚁辨别方向和识途能力极强,不管路途多遥远,都不会迷失方向,还能根据视觉和其他感觉信息,迅速推算出回巢最短的路程。

蚂蚁信息素和管理软件

蚂蚁群体行动时常常排着长队,发现"猎物"后又会在其四周组成一个黑色的大圆圈,齐心协力,统一步伐,就像有人指挥一样把猎物搬起来,慢慢地移动,朝着蚁巢方向搬运。

蚁巢一旦受到侵犯时,守卫蚁即刻就会分泌出"警戒信息素",急切地向同伴传递信息。一瞬间,兵蚁和工蚁就会成群赶到,与入侵敌人进行格斗。有时这种厮打格斗十分激烈,蚂蚁们会不惜牺牲自己来保卫整个蚁巢的安全。只见两队蚂蚁各排一字长蛇阵,鏖战正激,不断有蚂蚁急急地往返,通风报信,援兵便源源而来,两军战斗犹酣,直至双方兵死将折。当"警戒信息素"浓度增大时,一些蚂蚁又会纷纷钻入巢内，携儿带女地逃往他处，另建新宅。另一些蚂蚁则奋起自卫，甚至自相攻击，走起路来跌跌撞撞，忙得不可开交，大有末日来临之感。这样的"警戒信息素"和"示踪信息素"化学通信手段，不仅蚂蚁有，在白蚁和蜜蜂群体内也有。

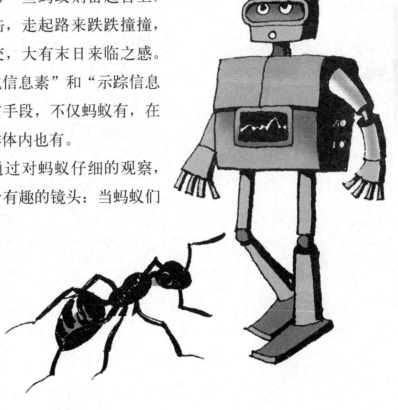

科学家通过对蚂蚁仔细的观察，又发现了一个有趣的镜头：当蚂蚁们各自在路上行走时，碰到十字路口交叉处，它们会用沙粒筑起了圆环形标志，并在路上洒下自己特有的气味信息素符号。这样，当蚂蚁各队交叉相遇时，就会绕过沙粒圆环而各行其道。

蚂蚁这种有序的行走，为当今人类所面临的城市交通堵车提供了一个有益的启示。英国和美国电信公司以电子"蚂蚁"来进行电信网络管理。美国太平洋西南航空公司采用仿蚂蚁行为的运输管理软件，每年至少节约1000万美元费用。

科学家已从蚂蚁在寻食回巢不迷路的行为中受到启发，模仿应用到智能机器人身上，使机器人有一套"路径整合器"的备份系统。这种系统会对走过的距离进行测量，选择直线路径以减少路程。

仿生机器人

　　机器人过于笨拙，这往往是由于机器人的视觉传感器和机械反应传感器不灵敏引起的。此外，指挥机器人动作的"大脑"——计算机，无法正确处理信息也是造成机器人笨拙的另一个重要原因。为了解决这些难题，世界各国的科学家进行了长期不懈的努力，但一直没有找到最佳解决方案。

　　法国科学家另辟蹊径走仿生学之路，最后把研究的对象确定在苍蝇上。这是因为苍蝇的传感系统十分奇妙，小小的一只苍蝇身上有大量的高科技传感器，如神经、肌肉感应器官、信息反馈循环和调节控制系统等。

　　苍蝇是如何"看东西"的？对这个问题，科学家早就研究得非常清楚了。他们认为，是物体及其动作触发了苍蝇大脑的单个神经，进而激发了苍蝇的视觉系统，从而"看"到了某样东西。而法国科学家则揭开了苍蝇如何凭着如此小的大脑来处理非常大量的信息而达到自如飞行的自然之谜。这也是苍蝇为什么能在高速飞行的情况下不会撞上障碍物的秘密。他们发现，当苍蝇做直线飞行的时候，它所看到的只是二维的空间，

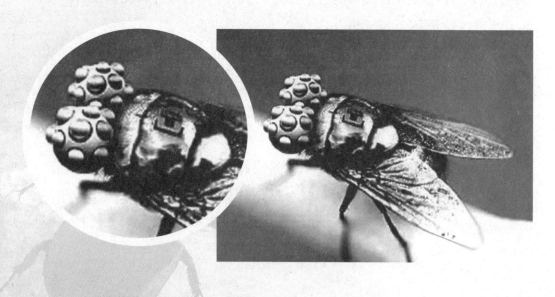

简化了大脑所要处理的信息。只有当它要转弯的时候，它才会处理"距离"这一信息，以免撞上障碍物。这个发现启发科学家研制出新一代的机器人。他们按照苍蝇的比例制造出一个重达10千克的机器人。

这个机器人有一双如同苍蝇一样的复眼，由100个透镜构成。常规机器人依赖的是数据信号的处理，这些信号全部被输入到保真的真空元件中，然后靠摄像机来"看"周围的情况。而仿照苍蝇的新一代机器人则是依据每个透镜提供的模拟数据对周围实际环境的变化做出反应。这种机器人最大的特点就是它的"大脑"，也就是计算机只需处理当时必要的信息,比如说想转弯的时候,它只管处理与转弯有关的"距离"信息,而不用管其他信息。由于新一代机器人具备这种特殊的"本领"，所以它无需声纳、红外探测仪或摄像机等笨重的附件，从而大大增加了机器人的灵活性。

通过这个事例可见，从小昆虫身上可以学到如何利用最少的能源、最快的时间、最少的花费来处理信息，达到最佳的效果。

"虫形"飞机

在昆虫仿生的启发下，科学家期望能研制出一种像昆虫那么大小的飞机，翅展小于15毫米，重量不超过50克，能载重10克以上的物体。这种"虫形"飞机不仅用在执行搜索、轰炸等军事任务上，还可用于其他领域。如在医学上，医生进行胸腔手术时，让"虫形"飞机钻入患者体内执行手术任务；农业上，让飞机在田野

上帮助寻找和杀灭害虫；航天科学上，可以用它参与火星的探索。

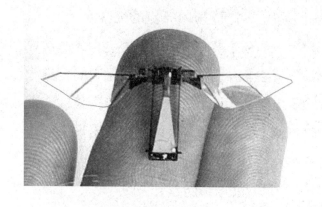

机器蝇

美国生物学家发现苍蝇能在 0.03 秒的瞬间迅速起飞，又能以 40 千米 / 时的速度飞行，真像是一架出色的喷气式战斗机。专家们准备仿制出一种机器蝇，在机器蝇身上安装各种传感器和微型摄像机，用来勘察地震或塌陷煤矿的危险地区，也可以用来发现森林火灾，在灾难中搜寻废墟中的幸存者，并用于未来登上新星球的无人飞行器，完成拍照、摄影及取样等工作。

目前研究人员已用一种类似玻璃纸的聚酰亚胺材料，造出了 10 毫米长、3 毫米宽、5 微米厚的仿生翅膀，以 150 次 / 秒的速度扇动，进行半自主飞行，为未来机器蝇的空中飞行和着陆做好准备。科学家还把微型喷气发动机缩小到只有米粒大小，而动力足以使机器蝇飞行数天而不用着陆。

蝴蝶微型飞机

英国牛津大学有两名科学家，多年来一直在苦苦钻研有关昆虫特别是蝴蝶的空气动力学。他们孜孜不倦地训练一种"红将军蝶"，这种蝴蝶的飞行技巧很高超。

科学家让蝴蝶在风洞的人造花之间穿梭飞行，还时不时将一股股微小的白色气流吹向蝶翅，同时，用高速摄像机拍摄其飞行动作，随后在电脑帮助下对其飞行技巧作了深入分析，研究蝴蝶飞行的奥秘。

研究发现，"红将军蝶"并不是无规则地随意摆动其双翅，而是每次振翅都力求获得空气动力学上的最佳效率。它扇动翅膀造成涡流，以达到增加额外浮力的目的。在高速摄像机的帮助下，科学家确定了蝴蝶上下翻飞、旋转翅膀、在空中保持不动等6种不同的模式。

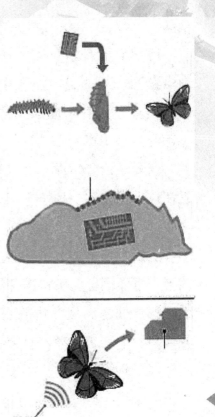

蝴蝶翅膀产生的浮力以相应比例而言，至少是目前最先进飞机的10倍。尽管人类的宇宙飞船已飞向了太空，但以目前的航空技术而言，还难以制造一架能自由起飞、任意停顿的蝴蝶般大小的微型飞机。

直升虫

还有一种名叫"直升虫"的微型飞机，它的外形很古怪，像一只蚊子。更奇怪的是，它能像蚊子似的靠扇动翅膀飞行。直升虫的推动器中有一种"人造肌肉"能使其飞行。

那么，"人造肌肉"是怎么来驱动飞机的呢？这种微型飞机飞行时的动力，来自于一种叫做"往复运动"的化学肌肉。用一只注射器将燃料注射入往复运动的化学肌肉里面，便发生化学反应，产生一种气体，驱动翅膀上下运动。昆虫型的微型飞机扇动翅膀和急速地摆动腿，这样它就能快速地飞行。通过演示，证实了这种化学注射物能够使翅膀上下扇动。

科学家已对超微型飞机的诞生做了以下几项工作：1. 以"人造肌肉"运动器带动机翼上下扑打飞行。2. 制作钮扣般大小的燃气气轮机。3. 设计出直径只有 1 厘米、推力有 13 克的涡轮喷气发动机，可带动 50 克重的微型飞机，以 300 千米／小时速度飞行。

亲爱的读者，你不要以为这仅仅是一件梦幻中的事情，而是科学家正在致力研究的一项仿生工作。未来的某一天，当你身边有嗡嗡的小昆虫飞过时，说不定"虫形"飞机内的摄像头传感器已把你录像在内呢！

上面罗列了那么多在仿生科学上有探讨价值的昆虫，无非是想告诉读者，当你们走上工作岗位的时候，呈现在你们面前的将是一个繁花似锦、科学技术高度发达的崭新时代，科学幻想的梦幻将会变成现实的时代。不管你们将来在社会上干什么工作，只要与物理、化学、工程、技术、航天等领域里有关，并常与机器打交道的话，一旦有创新的需要，那么，请多关注周围的昆虫小生物，也许，它们之中的某个成员的某个肢体构造会给你的创造发明带来启示和帮助呢！

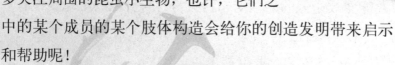

测 试 题

一、选择题

1. 昆虫中，听力最好的要数雄蚊和蝥虫了。它们的"耳朵"长在____上，里面有上万个感觉细胞，反应极为灵敏。

   A.口器　B.触角　C.腿　D.翅膀

2. 防伪币专家模仿大凤蝶翅膀"鳞片"的结构，在纸币或信用卡的表面制作上也设计了许多细密的____。这样，人们只要用专门的光学设备一照，伪币便原形毕露了。

   A.小刺　B.小球　C.小凸起　D.小坑

3. 昆虫家族在地球上兴旺发达的秘诀是因为它们____。

   A.个头小灵活　B.能飞翔、容易繁殖、适应能力强

   C.繁殖力弱　　D.长相奇怪

4. 下列动物中，____是属于昆虫。

   A.蜘蛛　B.螨虫　C.蜜蜂　D.蜈蚣

5. 蚂蚁和下列动物中的____有"亲戚"关系。

   A.蜘蛛　B.白蚁　C.蜜蜂　D.蜈蚣

6. 德国的病毒学家威尔那发现了艾滋病病毒的化学结构与____的化学结构十分相似，于是他想到了"以毒攻毒"来对付艾滋病病毒的一种新方法。

   A.细菌　B.蚁酸　C.蜂蜜　D.蜂毒

7. ____年，在美国第一届仿生科学讨论会上，仿生学被正式创立了。仿生学的研究不但需要了解生物体的结构、生理和行为等，还要会运用计算机、纳米技术、现代通信及生物化学等高科技。

A. 1950　B. 1960　C. 1970　D. 1980

8. 科学家推测昆虫触角可能还具有探测___的功能。

A. 电磁波　B. 超声波　C. 地震波　D. 次声波

9. 科学家一旦解开了昆虫触角的奥秘，或许就可以制作仿生型的无线电天线，大大提高无线电天线的性能。还可以制成能对各种害虫产生高特异性的永久性电子___，为人类带来福音。

A. 消音器　B. 诱虫器　C. 发声器　D. 解毒器

10. 我们现在用的大屏幕彩电，能将一台台小彩电荧光屏组成一个大画面，并且在一个大屏幕上的任何一个位置，框出特定的小画面。这种先进的电视技术，就是模仿昆虫___的结构造出来的。

A. 触角　B. 发声器官　C. 单复眼　D. 翅膀

11. 苍蝇的嘴巴是___。它的两个大牙已经退化，嘴唇变成了两块瓦片状合在一起的"空槽"。

A. 虹吸式口器　　　B. 舔吸式口器

C. 刺吸式口器　　　D. 咀嚼式口器

12. 大多数昆虫的舌头都有味觉的感觉器，如蜜蜂的味觉器官就长在舌头上，其他昆虫的味觉器官一般也位于___附近，如舌、上咽头、小颚、小颚须和内唇等部位。

A. 口器　B. 翅膀　C. 腿　D. 触角

13. 蚂蚁之间见面时会用触角互相碰撞、敲打，这些动作就是它们传递信息的一种方式。当工蚁在路上发现食物时，便有工蚁往巢穴报信，用敲打触角来传递"发现食物"的信息素，同时又会在路上洒下一条"气味走廊"，分泌出___。

A. 触角信息素　B. 行为信息素　C. 气味信息素　D. 示踪信息素

14. 我们了解了昆虫嘴巴的形式，将有助于有的放矢地对付害虫。例如：咀嚼式口器的昆虫主要啃食植物的枝叶，我们可用___杀虫剂对付它们，让毒药随着叶面一起被昆虫吞食到消化器官里，起到杀虫效果。

A. 胃毒性　B. 内吸性　C. 外附性　D. 外喷性

15. 昆虫复眼的分辨本领是很高的。物体摆在眼前，人类需要 0.05 秒的时间才能看清物体的轮廓。而苍蝇或蜜蜂只要___秒就够了，对人类来说只不过是一晃而过的运动物体，苍蝇则可能已辨认出物体的形状和大小了。

 A. 1　B. 0.1　C. 0.01　D. 0.001

16. 在昆虫复眼的启示下，有一种___出现了。它的镜头由 1329 块小透镜黏合而成。一次便可拍摄到 1329 张照片。这种照相机可以用来大量复制电子计算机精细的显微电路，在军事、医学、航空航天上被广泛应用。

 A. 蜂眼照相机　B. 虫眼照相机　C. 复眼照相机　D. 蝇眼照相机

17. 组成复眼的小眼非常之多，蜻蜓的一只复眼就有 28 000 只小眼。每一个小眼都有自己的屈光系统和感觉细胞，能见到 6 米内的运动物，还具有测速功能。又因它的头部能任意转___度，所以蜻蜓的视野比较宽阔。

 A. 90　B. 120　C. 180　D. 360

18. 昆虫看运动的物体，是从一个小眼到另一个小眼，这样一来，昆虫看见物体的运动速度减慢了。所以，由这些小眼组成的复眼具有很高的时间分辨率，而且还是极为灵敏的___。

 A. 照相机　B. 温度计　C. 高度计　D. 速度计

19. 科学家在研究一种甲虫的眼睛过程中，发现该甲虫是根据目标从它复眼的一点移动到另一点所需的时间来测量自己的速度的。于是，研制人员就模仿这种甲虫的测速原理，在飞机头部设置一个光电管，在机尾处再放一个光电管，两个光电管都连接到计算机上，制成了飞机___。

 A. 速度指示器　B. 时间指示器　C. 高度指示器　D. 油量指示器

20. 20 世纪 80 年代，美国科学家研制了一种诱杀蟑螂的捕捉装置。他们用人工合成的化学性信息素和有毒黏合纸一起放在诱捕器上，粘性纸所散发的气味与雌蟑螂分泌出来的性激素气味几乎相同。这是利用___来诱捕昆虫。

 A. 趋化激素　B. 趋光激素　C. 保幼激素　D. 性信息素

21. 蜻蜓的翅膀前缘上有一块___，能起到防震颤、保护翅的重要作用，并能使蜻蜓的身体在飞行中保持平衡。于是，设计师为了使飞机减少颤动，加快飞行速度，在机翼前缘加上了平衡重锤防振装置，终于克服了空气动力学上的震颤现象。

A.翅痣　B.翅斑　C.翼痣　D.翼斑

22. 一种隐形飞机的隐形原理是借鉴了昆虫翅膀的特点、体色的变化、___的折光以及吸收雷达波的功能而制成的。

A.翅痣　B.鳞片　C.翼痣　D.鳞纹

23. 航天科研人员从蝴蝶___的散热和取暖的功能中受到启迪，发明了一种"百叶窗"的装置，从而解决了人造卫星在太空中因向阳和背阳导致温度骤然升降的"温控"技术难关。

A.翅痣　B.鳞纹　C.翼痣　D.鳞片

24. 当苍蝇在飞行中偏离航向时，平衡棒会产生扭转振动，使苍蝇在飞行中保持平衡，不偏离航向。根据这个原理，人们研制成了___。这种仪器能使飞机保持稳定。

A.扭转振动仪　　B.偏向平衡仪

C.振动陀螺仪　　D.偏向陀螺仪

25. 科学家发现了蟑螂快速行走的奥秘。蟑螂尾部的尾须上约有 220 根须毛。尾须是一个极灵敏的___，既能测知地面和空气的微弱震颤，又能在千分之一秒的时间内做出反应。

A.传感器　B.平衡仪　C.传导器　D.平衡器

26. 跳蚤腿部肌肉中，有一种胶状蛋白质，这种物质称为___。它就像螺旋弹簧一样，能收缩和伸长。当需要跳跃时，它一收缩就会产生巨大的爆发力。

A.胶状脂肪菜西林　　B.胶状纤维菜西林

C.胶状蛋白菜西林　　D.胶状矿物菜西林

27. 科学家模仿昆虫肌肉的原理，用___制成了"人造肌肉"，用它制作的仿生翅膀为未来的微型飞机诞生创造了条件。

A.聚乙烯酸　B.聚丙烯酸

C.聚丙乙烯　D.聚丁烯酸

28. 气步甲身体内藏有两个腺体：一个产生对苯二酚，另一个产生___。平时这两种物质分别储藏在气步甲身体内不同的地方，一旦遭到侵犯，气步甲便会猛然收缩肌肉，使这两种物质相遇。它们在酶的催化下便会发生猛烈的化学反应，并急速地喷出体外。

  A. 聚乙烯酸　　B. 二氧化硫

  C. 二氧化碳　　D. 过氧化氢

29. 美国军事专家受___的启发，在第二次世界大战期间，研制成先进的二元化武器。这种武器把两种能产生毒剂的化学物质，分装在两个隔开的容器中，并将它们装在炮弹里。当炮弹发射后，隔层就会破裂，合成了致命的毒剂以杀伤敌人。

  A. 气步甲　　B. 蟑螂　　C. 七星瓢虫　　D. 跳蚤

30. 昆虫的"耳朵"与人类不一样，不是长在头上，而是长在身体的其他部位上。蝗虫的"耳朵"是长在它的___上。

  A. 触角　　B. 翅膀　　C. 腹部　　D. 腿

31. 苍蝇的口器上和腿上都有无数的___，它们只要在食物上舔一下，便知道这种味道是否适合自己的胃口。

  A. 味觉毛　　B. 触觉毛　　C. 感觉毛　　D. 刚毛

32. 蜜蜂的嘴巴有双重功能，既能咀嚼花粉，又能吸食花蜜。它的下牙和下唇变成了一根带毛的长管，所以被称为___口器。

  A. 虹吸式　　B. 嚼吸式　　C. 刺吸式　　D. 舐吸式

33. 蜜蜂、胡蜂的___特化为蜇刺，平时缩入腹部藏而不露，一旦遇敌露出蜇刺插入对方，进行攻击。

  A. 后腿　　B. 后翅膀　　C. 产卵管　　D. 平衡棒

34. 夏天的池塘或小河里，我们可以见到一种黑色的水生小甲虫，它的名字叫豉虫。豉虫的触角很特别，上面密密麻麻地布满了___，能探测水面的表面波压力，并通过神经将这些信息报告给大脑。

  A. 味觉毛　　B. 刚毛　　C. 触觉毛　　D. 汗毛

35. 由于昆虫的口器形状各异，因而它们的味觉器官没有固定的位置，有些昆虫的味觉器官甚至长在它们的___上。

  A. 触角　　B. 翅膀　　C. 脚　　D. 腹部

36. 科学家在研究了苍蝇的嗅觉系统后，发现它的"鼻子"——嗅觉感受器分布在头部的____上。

　A. 复眼　　B. 翅膀　　C. 脚　　D. 触角

37. 蚊子的触角和腿上的____有敏感的传感作用，也是蚊子探测周围环境的器官，能敏感地感受到周围环境的温度、湿度、气流和酸碱度等信息。

　A. 味觉毛　　B. 刚毛　　C. 触觉毛　　D. 汗毛

38. 科学家发现了蚊子之间进行联络的秘密，原来它们是通过一种毫米波段的无线电波来保持联系的。蚊子的"电台"是由____发出的"声音"，工作半径为15厘米左右。

　A. 触角　　B. 翅膀　　C. 脚　　D. 口器

39. 萤火虫发出的荧光是一种"冷光"，发光效率极高。我们常用的钨丝灯泡，它的发光效率只有2%左右，其余作红外线热散发了。而作为荧光的"冷光"，几乎能将化学能____地转变为可见光。

　A. 70%　　B. 80%　　C. 90%　　D. 100%

40. 蚁巢一旦受到侵犯时，守卫蚁即刻就会分泌出____，急切地向同伴传递信息。一瞬间，兵蚁和工蚁就会成群赶到，与入侵敌人进行格斗。

　A. 警戒信息素　　B. 趋光激素

　C. 性信息素　　D. 蚁酸信息素

二、问答题

1. 有读者问：达尔文说蝉是雄蝉发声，雌蝉是哑巴，法布尔的书上说雌蝉也能发声。究竟是哪个学者说得对？

2. 叩头虫为何会有那么高超的轻功翻身动作？对仿生学有何启示？

3. 数学家、建筑师、医药学家等为什么都对蜜蜂所造的蜂窝感兴趣呢？

4. 萤火虫的荧光有着神奇的光彩，你能讲出它的奥秘是什么吗？荧光对仿生科学有很大的魅力，你能想象一下吗？

5. 现在大家对机器人都感兴趣，你能说出在智能机器人昆虫体现了哪些方面的仿生启示？

6. 世界各国科学家都在研究微型飞机，哪些昆虫可以仿生？蜜蜂、苍蝇、蜻蜓等翅膀及胸部肌肉有哪些优势？

7. 你能说出昆虫仿生学在高科技领域中的优势吗？

8. 你能说出昆虫仿生在军事上的应用吗？

9. 蚊子叮咬后的痒与螨虫叮咬后的痒有什么不同，你能辨别吗？

10. 你对水生昆虫知道多少？它们的足和触角有哪些特长？

图书在版编目 (CIP) 数据

昆虫与仿生 / 陈小钰编写 . —上海：少年儿童出版社，
2011.10
（探索未知丛书）
ISBN 978-7-5324-8929-9

Ⅰ. ①昆... Ⅱ. ①陈... Ⅲ. ①昆虫—少年读物②仿生—少
年读物 Ⅳ. ① Q96-49 ② Q811-49

中国版本图书馆 CIP 数据核字（2011）第 219131 号

探索未知丛书

昆虫与仿生

陈小钰 编写

施瑞康　袁佩娜 图

卜允台　卜维佳 装帧

责任编辑 黄　蔚　美术编辑 张慈慧
责任校对 黄亚承　技术编辑 陆　赟

出版 上海世纪出版股份有限公司少年儿童出版社
地址 200052 上海延安西路 1538 号
发行 上海世纪出版股份有限公司发行中心
地址 200001 上海福建中路 193 号
易文网 www.ewen.cc　少儿网 www.jcph.com
电子邮件 postmaster@jcph.com

印刷 北京一鑫印务有限责任公司
开本 720×980　1/16　印张 6　字数 75 千字
2019 年 4 月第 1 版第 3 次印刷
ISBN 978-7-5324-8929-9/N·951
定价 26.00 元